Prof. em. Prof. Dr. med. habil. Karl Hecht

Heilung von Natur und Tierwelt durch die Anwendung des Naturzeoliths

SPURBUCHVERLAG

Heilung
von Natur und Tierwelt
durch die Anwendung des Naturzeoliths

Prof. em. Prof. Dr. med. habil. Karl Hecht

Bibliografische Information der Deutschen Nationalbibliothek
Die Deutsche Nationalbibliothek verzeichnet diese Publikation in der Deutschen Nationalbibliografie; detaillierte bibliografische Daten sind im Internet über http://dnb.dnb.de abrufbar.

1. Auflage April 2017

info@spurbuch.de, www.spurbuch.de

Ausführung: pth-mediaberatung GmbH, Würzburg
Umschlaggestaltung: Monika Glück
Satz und Layout: Anke von Schalscha-Ehrenfeld

ISBN 978-3-88778-502-4

Inhaltsverzeichnis

**„Bleibe der Natur nahe
und die ewigen Gesetze werden dich beschützen.“**

(Max Gerson)

Wichtiger Hinweis

Der Klinoptilolith-Zeolith, der als Zusatzstoff E567 und E568 und später 19 598 bezeichnet und registriert wurde, ist laut seiner Definition durch die Regulation der Europäischen Kommission sowie der Herausgabe einer neuen EU-Regulation als vollkommen unbedenklich für die Gesundheit für Mensch und Tier eingestuft und zwar ohne Notwendigkeit eines Post-Market-Monitorings! Damit wird erstens belegt, dass Klinoptilolith-Zeolith, der als Antioxidans in Verpackungen eingesetzt wird, nicht auf das darin verpackte Lebensmittel übergeht. Zweitens wird belegt, dass keine Gefahr für den das Fleisch eines Tieres konsumierenden Menschen besteht, da der Klinoptilolith-Zeolith während der Passage durch den Magen-Darm-Trakt des Masttieres nicht abgebaut wird und somit nicht in den Körper des Tieres übergeht und in weiterer Folge nicht in den Körper des Menschen gelangen kann. Folgerichtig wurde der Klinoptilolith-Zeolith auch 2013 für alle Tierarten freigegeben, nachdem er bis dahin nur für die Mast von Schweinen, Hühnern, Truthähnen, Rindern und Lachsen zugelassen war. Die EFSA hat die Ausweitung auf alle Tierarten nur deswegen durchgeführt, weil sie kein Gefährdungspotential durch den Klinoptilolith-Zeolith ausmachen konnte.

Commission Implementing Regulation (EU) (2013): Concerning the authorisation of clinoptilolite of sedi-mentary origin as a feed additive for all animal species and amending regulation (EC) No 1810/2005. (EU) No 651/2013 of 9 July (text with EEA relevance)

Commission Regulation (EC) (2005): Regulation No 1810/2005, concerning a new authorization for 10 years of an additive in feedingstuffs, the permanent authorization of certain additives in feedingstuffs and the provisional authorization of new uses of certain additives already authorized in feedingstuffs

EFSA Panel on Food Contact Materials, Enzyms, Flavourings and Processing Aids (CEF) (2013): Scientific Opinion on the safety evaluation of the active substances (...) and clinoptilolite for use in food contact materials. EFSA Journal 11(4): 3155.[12 pp.] doi:10.2903/j.efsa.2013.3155

EFSA Panel on Additives and Products of Substances used in Animal Feed (FEEDAP) (2013): Scientific Opinion on the safety and efficacy of clinoptilolite of sedimentary origin for all animal species. EFSA Journal 11(1): 3039.[13pp.]doi:10.2903/j.efsa.2013.3039

Für Bentonit bestätigt ein wissenschaftliches Gutachten der EFSA (European Food Safety Authority) [2012] über die Sicherheit der Wirksamkeit von Bentonit als technologischer Futterzusatzstoff für alle Tierarten die Unbedenklichkeit.

Die Food and Drug Administration der USA (FDA) hat unter dem Code der federalen Regulation (CFR) Title 21 Zeolith (CFR 21) 182.2727 und Aluminiumsilikate unter (CFR 21) 182.2227 als unbedenklich zugelassen.

Diese Dokumente belegen die Unbedenklichkeit des Naturzeoliths und des Montmorillonits (Bentonit). Die in diesem Buch angeführten Daten zu den beiden Aluminiumsilikaten sind durch wissenschaftliche Studien abgesichert und auch durch meine über 16-jährigen Erfahrungen der Anwendung dieser beiden Silikate bei Mensch und Tieren.

Voraussetzung für diese Wirkung ist, dass auch bei der Verabreichung an Mensch und Tier nach dem wissenschaftlichen Erkenntnisstand gehandelt wird. Dieser ist in diesem Werk ausführlich beschrieben.

Wenn Abweichungen von den in diesem Buch beschriebenen Wirkungen des Naturzeoliths und Montmorillonits (Bentonit) auftreten sollten, ist dies auf einen unsachgemäßen Umgang bei der Applikation oder auf die Verwendung minderwertiger Produkte zurückzuführen, die leider nicht selten auch auf dem Markt erscheinen. Man geht sicher, wenn man sich das Datenblatt der Silikate geben lässt sowie Informationen über das Abbaugebiet der Silikate und über die Konzeption der Anbieterfirmen anfordert. Aus der Anbieterkonzeption sollte hervorgehen, dass die Ökologie das Primat hat und die Ökonomie diesem Primat untergeordnet wird.

Danksagung

Die schöpferischen wissenschaftlichen Gespräche mit meiner lieben verehrten Frau Dipl. Päd. Dipl. Phil. Elena Hecht-Savoley gaben mir viele wertvolle Anregungen bei der Erarbeitung des Manuskripts dieses Buchs, wofür ich ihr sehr dankbar bin. Gleichfalls bin ich Frau Dipl. Ing. Anke Dahmen in großer Achtung und Anerkennung dankbar, die wie bei meinen vorausgegangenen Büchern, die technische Gestaltung kreativ und sachkundig realisiert hat. Herrn Klaus Hinkel danke ich für die Herausgabe dieses Buchs im Spurbuchverlag.

Karl Hecht
Berlin, Januar 2017

Vorwort

Dieses Buch zu schreiben veranlasste ein weltweiter „Nothilferuf" nach dem aktuellen Erkenntnisstand über die Anwendung des Naturzeoliths zur Heilung der von skrupellosen Menschen der Natur zugefügten Wunden und zur Gestaltung eines erträglichen Lebens der landwirtschaftlichen Nutztiere.

Nachdem ich als Arzt und medizinischer Wissenschaftler vier Bücher über die effektive Anwendung des Naturzeoliths als Naturwirkstoff in der Humanmedizin und zur Förderung des menschlichen Gesundseins geschrieben habe, erklärte ich mich bereit diesem „Nothilferuf" nachzukommen und auch ein Buch für die Anwendung des Naturzeoliths im Bereich der Landwirtschaft und zur Erhaltung der natürlichen Biosphäre zu verfassen.

Das tue ich auch deshalb gern, weil ich einer Landwirtfamilie entstamme. Zudem war mein erster Beruf Landarbeiter mit beurkundetem Abschluss. Seit dieser Zeit, es war das Jahr 1940, als ich diese Prüfung mit sehr gut ablegte, hat sich die Landwirtschaft von der früheren mir bekannten Naturverbundenheit unendlich weit entfernt.

Die Industrialisierung von Ackerbau und Tierhaltung betrachte ich als eine von Menschen verursachte Naturkatastrophe. Die heutige Ausbeutung der Böden ohne vorsorgliche Pflege, der Einsatz von Pestiziden ist mir aus meiner früheren Sicht eines natürlichen Ackerbaus unverständlich.

Die gegenwärtige Massennutztierhaltung und die Massenschlachtung dieser Tiere ist wohl das grausamste, was Menschen zu praktizieren vermögen. Wo bleibt hier der Einsatz des Tierschutzgesetzes? Obwohl überall bekannt, wird diese Grausamkeit an Tieren toleriert, um den Hyperkonsum von Fleisch und anderen tierischen Produkten zu genießen und nicht zuletzt auch des Profits wegen.

Der Masseneinsatz von Antibiotika in der Massentierhaltung ist dann der Gipfel des grausamen Umgangs mit den Nutztieren und noch viel schlimmer: Den Mächtigen und allen Verantwortlichen für diese Bereiche sind die verheerenden Folgen des Antibiotikamissbrauchs bekannt: Multiresistente Krankheitserreger, die tödlich wirken. Die WHO (Weltgesundheitsorganisation) hat gewarnt (meines Erachtens schon zu spät). Der G7-Gipfel hat sich 2015 damit beschäftigt. Geblieben ist nur eine „Luftblase". Im April 2016 hat eine Gruppe von Investoren der größten Restaurantketten der Welt (McDonald's, Burger King u. a.) einen warnenden Aufruf mit einer wissenschaftlich fundierten Prognose veröffentlicht: Bis 2050 werden demnach weltweit 600 Millionen Menschen an multiresistenten Keimen sterben. Tiere wurden logischerweise von dieser Investorengruppe nicht berücksichtigt. Aber was für den Menschen zutrifft ist auch für die Tiere zutreffend.

Diese Prognose der einflussreichen Investorengruppe sollte ernst genommen werden. Am 12. Mai 2016 wurde im SWR-Fernsehen ein Untersuchungsbericht des Bundesinstituts für Risikobewertung (BfR) veröffentlicht, aus dem hervorgeht, dass jede fünfte Wurst (Schwein, Wild) Erbmaterial von Hepatitis E enthält. Das Robert-Koch-Institut Berlin registrierte einen starken Anstieg von Hepatitis-Fällen (Leberentzündung). Dieses Beispiel zeigt, dass der ungesunde Umgang mit den Nutztieren sich auch auf die menschliche Gesundheit auswirken kann.

Nicht unwesentlich für die Tierhaltung ist der Umweltgiftreport 2015, der von Green Cross (Schweiz) und Pure Earth erstellt wurde und die Auswirkungen von Umweltgiften für den Menschen aufzeigt. In zahlreichen Studien wurde nachgewiesen, dass weltweit jährlich 95 Millionen Menschen an Umweltgiften erkranken. Als die häufigsten Gifte werden (Reihenfolge = Rangfolge) Blei, Radionuklide, Quecksilber, Pestizide, 6-wertiges Chrom und Cadmium angeführt.

Alle diese angeführten Gifte, die auch im Ackerboden vorkommen, kann der Naturzeolith mit seinen Eigenschaften Ionenaustausch und Adsorption binden, also unschädlich machen. Naturzeolith vermag auch multiresistente Keime zu vernichten und, wie in diesem Buch angeführt wird, die Gesundheit aller Nutztiere zu gewährleisten. Oder noch deutlicher ausgedrückt, er kann Antibiotika unverzüglich ersetzen.

Naturzeolith kann

- Gewässer säubern
- aus Wüstengebieten blühende und fruchtbare Gärten entstehen lassen. (Dies demonstrierte mir mein Freund Prof. Eltchin Khalilov in Baku.)
- Radionuklide binden und unschädlich machen. (Als Beispiel sei der Einsatz von 500.000 Tonnen Naturzeolith nach der Reaktorkatastrophe 1986 in Tschernobyl genannt.)
- Naturzeolithgebirge können als geologische Endlager für Atommüll die-nen. (Diese Möglichkeit wurde in Yucca Mountain in Nevada (USA) praktiziert.)
- zur Gesunderhaltung von Nutz- und Haustieren beitragen
- Gewässer sauber halten und fruchtbare Böden produzieren

Die vielfältigen Anwendungen des Naturzeoliths und seine nahezu unbegrenzten Einsatzmöglichkeiten haben ihm den Beinamen „Rohstoff des 21. Jahrhunderts“ eingebracht.

Naturzeolith ist nicht toxisch, hat keine unerwünschten Nebenwirkungen und ist umweltfreundlich. Dieses Silikattuffgestein vulkanischen Ursprungs hat weltweit viele Vorkommen und viele sind noch nicht erschlossen. Es liegen mittlerweile sehr viele wissenschaftliche Erkenntnisse über seine Wirkungen vor, so dass es höchste Zeit ist, diese in der Praxis anzuwenden. Naturzeolith und auch andere Silikate wie z.B. Bentonit/Montmorillonit sind geeignet, die verdorbenen Böden und Gewässer zu säubern, den Tierbestand gesund zu erhalten, dem Antibiotikamissbrauch ein Ende zu machen und auch der Massentierhaltung als erstem Schritt Linderung zu bieten.

Die Leser sollen auch wissen, dass ich seit dem Jahr 2000 täglich 6-10 g Naturzeolith in Kombination mit Montmorillonit einnehme. Als 93-Jähriger kann ich mich als geistig und körperlich fit bezeichnen.

Wenn ich mich bemühe, den aktuellen Erkenntnisstand der Anwendungsmöglichkeiten des Naturzeoliths in der Landwirtschaft und zur Heilung der Natur zu vermitteln, möchte ich jene Zeolithproduzenten und -vertreiber unterstützen, die Ökologie über die Ökonomie stellen und nicht jene, die einen Raubkapitalismus betreiben. Nur die Erstgenannten bieten eine reale Grundlage für die Heilung der Natur mit Naturzeolith.

Es würde mich freuen, wenn ich mit diesem Buch allen jenen, die die Natur lieben und für ihre Erhaltung kämpfen, Anregungen geben kann, der Tierwelt ein erträgliches Leben zu ermöglichen und der Natur einen Gesundheitsschutz in jeder Hinsicht zu gewährleisten. Naturzeolith als Naturwirkstoff ist dabei von großer Bedeutung.

Teil 1

Übersicht zum aktuellen wissenschaftlichen Erkenntnisstand über Heilung der Natur und der Tierwelt durch Anwendung des Naturzeoliths

Natur-Klinoptilolith-Zeolith

Ein vulkanisches Tuffgestein zur Gesunderhaltung von Natur und Tierwelt

Zu den größten wissenschaftlich-technischen Errungenschaften des 20. Jahrhunderts gehört die Entdeckung der einzigartigen Eigenschaft der Silizium enthaltenden Gesteine und Erden Zeolith, Montmorillonit und Bentonit. Die Fachleute auf diesem Gebiet sind sogar der Auffassung, dass diese Silikatgesteine eine der wichtigsten Rohstoffe auf unserem Planeten sein werden und zu einem wirtschaftlichen Aufschwung führen könnten, von dem man heute noch nichts ahnt.

Seit Ende der 60er Jahre des vergangenen Jahrhunderts wurde damit begonnen, den siliziumhaltigen Naturgesteinen Zeolith und Montmorillonit (Bentonit) wegen ihrer einzigartigen Eigenschaften:

- Ionenaustausch
- Adsorption
- Molekularsiebfunktion
- Katalysatorfunktion

zum Schutz der Natur, vor allem zum Schutz der Biosphäre unseres Planeten (die alles Lebendige umfasst) in den Bereichen Industrie, Bauwesen, Landwirtschaft, Ökologie, Veterinärmedizin sowie Gesundheit, Medizin und Ernährung des Menschen größere Aufmerksamkeit zu schenken. So findet man in vielen Ländern wissenschaftliche Forschergruppen, die sich seit langem mit Naturzeolith und auch mit Montmorillonit bzw. Bentonit im Bereich der Lebenswissenschaften (Teil der Biosphäre) beschäftigen.

In den Lebenswissenschaften Biologie, Medizin, Veterinärmedizin, Tierhaltung und Tierzucht, Nahrungsmittelproduktion, Botanik, Pflanzenzucht und -anbau werden dominant folgende Wirkeigenschaften des Naturzeoliths und auch Montmorillonits angewendet:

- selektiver Ionenaustausch
- Adsorption (Bindung von Giften usw.)
- Detoxikation (Entgiftung)
- Siliziumzufuhr
- Mineralzufuhr
- Entzündungshemmung
- Bakterien, Viren und Pilze tötende Wirkung
- Bindung von Radionuklidstrahlung

In der Geosphäre wird Naturzeolith zur Verbesserung und Erhaltung der Bodengüte, aber auch als Schutz gegen Erdbebenfolgen eingesetzt. In der Hydrosphäre sorgt dieses Silikat für Sauberkeit des Wassers und in der Atmosphäre für eine biotische Luft.

Das breite Anwendungsspektrum des Naturzeoliths

Macht man sich die Mühe, einschlägige Fachliteratur, die umfangreich vorliegt, und Patente zu recherchieren, kommt man zu einer langen Liste der Anwendung von Zeolith in den verschiedensten Bereichen der heutigen Gesellschaft. Nachfolgend möchten wir einige Beispiele anführen, die keinesfalls Anspruch auf Vollständigkeit erheben.

Ökologie

Die Ökologie hat die Eigenschaften von Zeolith für ihre Bereiche schon sehr früh entdeckt, z. B.

- zur Herstellung von trinkfähigem Wasser in jedem Territorium
- zur Abwasserklärung
- zur Schlammkonditionierung in Klärwerken
- zur Reinigung von Industrieabgasen
- zur Adsorption ölverschmutzter Gewässer

Landwirtschaft

In der Landwirtschaft verschiedener Länder spielt der Naturzeolith schon seit Jahrzehnten eine dominierende Rolle, z. B.

- als Beifutter von Nutztieren und Geflügel zur Herstellung ökologisch sauberer Nahrungsmittel für den Menschen
- als Futter für Pelztiere (hohe Qualität der Pelze)
- als Zusatzfutter in der Fischzucht
- als Desinfektionsmittel in Ställen wegen der bakteriziden Wirkung
- zur Geruchsneutralisierung in Tierzuchtanstalten
- bei der Züchtung von Rennpferden
- als veterinärmedizinisches pharmazeutisches Hilfsmittel, v. a. bei Erkrankung des Magen- und Darmtrakts des Nutzviehs
- zur Verbesserung der Böden und Erhöhung ihrer Fruchtbarkeit
- als Trägermaterial für Naturdünger

Eine Recherche in der Moskauer Leninbibliothek erbrachte für den Zeitraum 1998-2002 38 Dissertations- und 3 Habilitationsschriften zum Themenkreis „Zeolith in der landwirtschaftlichen Viehzucht“.

Industrie

Auch die Industrie fand mittlerweile viele Anwendungsbereiche für den Zeolith, z. B.

- als Molekularsieb beim Trennen von Lösungsmitteln
- als Deodorant in Räumen, Autos und Kühlschränken

- zum Trocknen von Gas- und Flüssigkeitsmedien
- zur Papierherstellung
- zur Herstellung säurebeständiger Betone, Straßenbeläge und Hausputz
- zur Herstellung von Wasserfiltern und Wasserenthärtungssystemen
- zur Produktion von ökologisch reinen Geschirrwaschmitteln
- zur Herstellung von Bier
- zur Herstellung von Keramikbettzeug

Aus Naturzeolith entstand synthetischer Zeolith

Die bei den Naturzeolithen nachgewiesenen Funktionseigenschaften der Zeolithe:

- selektiver Ionenaustausch
- Adsorption (Bindung)
- Molekularsiebfunktion
- Katalysatorfunktion und
- Dehydrationen (Trockner)

gaben nach Aufklärung der Naturzeolithstrukturen für die Technikwissenschaften den Weg frei, künstliche Zeolithe zu konstruieren. Die Technikwissenschaften sahen in der Konstruktion künstlicher Zeolithe für ihren Bereich Vorteile gegenüber Naturzeolithen. Als Vorteile nennen sie u. a. folgende:

1. In der Reinheit (Naturzeolithen sind verschiedene Stoffe der Natur beigemischt).
2. Die Porengrößen und inneren Flächen der Zeolithkristalle können für ganz spezifische technische Zwecke, denen der selektive Ionenaustausch dienen soll, festgelegt und entsprechend konstruiert werden.
3. Die schnelle Herstellung für spezifische Anwendungen ist für die Technik vorteilhafter als die Suche nach „passenden“ Naturzeolithen.

[Gies und Marler 2004; Masters et al. 2011]

Zur Synthese der künstlichen Zeolithe werden Aluminiumhydroxide und Siliziumhydroxide verwendet. Beide Substanzen werden gemischt und in Natriumlauge bei Temperaturen von 50-90 °C zu Zeolithkristallen entwickelt.

Die erste Synthese von künstlichem Zeolith führte 1950 Robert Milton bei Linde Air Products Division von Unio Carbide (USA) durch.

Gegenwärtig soll es schon 80 synthetisierte Zeolithe geben, die in verschiedenen Laboren hergestellt worden sind.

Medizin

Die Anwendung von Naturzeolith in der Medizin und auf dem Gesundheits- bzw. Wellnesssektor ist weltweit verbreitet. Diese ist in unseren Büchern „Naturmineralien, Regulation und Gesundheit“, Schibri Verlag 2005, „Klinoptilolith-Zeolith Siliziummineralien und Gesundheit“, Spurbuch Verlag, „Lebenskraft durch das Urgestein Zeolith, Prävention, Detoxhygiene, Ökologie“, Spurbuch Verlag und „Antwort auf 100 Fragen zur gesundheitsförderlichen Wirkung des

Naturzeoliths", Spurbuch Verlag, ausführlich beschrieben.

Eine Patentrecherche zur Anwendung von Naturzeolith in der Humanmedizin erbrachte 39 derartige Patente im Zeitraum von 1986-2002. Diese beziehen sich in erster Linie auf die Herstellung von antibakteriellen, antimikrobiellen, antimykotischen Zubereitungen, Verbandsstoffen, Badesalzen, Cremes und Pasten zu exogenen und endogenen Detoxikationen sowie von verschiedenen Stoffen und Mitteln in der Zahnmedizin, z. B. auch als Füllmaterial für kariöse Zähne.

Naturzeolithanwendung bei der Reaktorkatastrophe von Tschernobyl

Die Atomkraftwerke (AKW) stellen heute eine große Gefahr für die Menschheit, die Tierwelt und die Natur dar. Da Politik und Betreiber auf deren Bestand beharren, bietet Naturzeolith einen Schutz und eine Schadenbegrenzung bei Reaktorkatastrophen. Das zeigte sich bei der Reaktorkatastrophe 1986 in Tschernobyl.

Insgesamt wurden in Tschernobyl 500.000 Tonnen Naturzeolith und eine große Menge Montmorillonit verwendet.

Mit Hilfe des Naturzeoliths wurde das Wasser des Flusses Dnjepr (in unmittelbarer Nähe zu Tschernobyl) von Radionukliden (Cäsium^{137}) befreit. Auch die Trinkwasserleitungen waren nach einem Jahr durch Naturzeolith von Radionukliden befreit.

Um den Reaktor wurden Barrieren aus Zeolithmaterial gebaut, um bei Hochwasser die Verseuchung des Flusses zu verhindern. Der Boden im Reaktorgebiet wurde abgetragen und gewaschen, die Waschlösung wurde anschließend durch eine Zeolith-Filteranlage gereinigt.

Gemüse wurde in Gewächshäusern angebaut, in denen die Erde mit Zeolith angereichert war, wodurch sich die Konzentration von Cäsium^{137} und Strontium^{90} in den Pflanzen um 50-70 % verringerte.

Auch dem Viehfutter wurde Zeolithpulver beigemischt (1-3 g Naturzeolith pro Kilogramm Körpergewicht). Die Konzentration von Radionukliden verringerte sich dadurch im Fleisch um 50-70 %, in der Milch sogar um 80-85 %.

Zeolithe in der menschlichen Nahrung verstärkten den Abbau von Cäsium^{137} im menschlichen Körper um den Faktor 3-5.

Die bulgarische Wissenschaftlerin Ludmilla Filizowa berichtete auf der 4. Internationalen Konferenz Naturzeolith 1993 in Sofia, dass sie mit Zusatz von 10 % Klinoptilolith-Zeolith zur Kuhmilch Cäsium^{137} um 30 % reduzieren und dass sie mit Zusatz von 30 % Klinoptilolith-Zeolith-Pulver in Schokolade und Keksen Kinder von Cäsium^{137} dekontaminieren konnte.

In speziellen Waschmaschinen wurden Kleider mit zeolithhaltiger Suspension gewaschen. [nach Malsy und Döbli 2004]

Neben Naturzeolith kam auch der Schichtton Montmorillonit zum Einsatz. Mit Suspensionen aus Montmorillonit wurden Kleidung, Gerätschaften, Wände, Dächer u. a. bespritzt und von dem radioaktiven Material befreit.

Russische und ukrainische Wissenschaftler kamen zu der Auffassung, dass teilweise der Naturzeolith zu spät zur Verfügung stand, weil er über mehrere tausend Kilometer herangeschafft werden musste. Sie stellten fest, dass der Wirkungseffekt des Naturzeoliths bei radionuklidverseuchten Menschen umso höher war, je früher der Naturzeolith appliziert wurde. Sie empfahlen Naturzeolith dauerhaft einzunehmen, um sich gegen Radionuklide zu schützen. Das tue ich persönlich seit 16 Jahren.

In dem im Jahr 1977 in Betrieb genommenen, jetzt veralteten, AKW (Atomkraftwerk) Fessenhein auf französischem Boden (18 km von Freiburg und 35 km von Basel entfernt) sollen seit mindestens zwei Jahren die Notdieselgeneratoren, die die Kühlung des Reaktors sichern, in einem „inakzeptablen“ Zustand sein. Das wurde bisher von der Atomaufsicht ASN und den Betreibern dieses AKWs vertuscht. Das AKW Fessenheim wurde über dem Oberrhein-Aquifer errichtet, welcher Millionen von Menschen in Europa mit Trinkwasser versorgt. Petitionen, auch an den Präsidenten Frankreichs, F. Hollande, von Bürgern, mit der Forderung nach Schließung dieses AKWs blieben bisher unbeantwortet.

Da AKWs entgegen jeder Vernunft nicht abgeschaltet werden, sollte jedes AKW Naturzeolith-Reserven anlegen!

Abbildung 1: Atomkraftwerk Fessenhein muss abgeschaltet werden. (Quelle: Peter von Bechen – pixelio.de)

Die Notwendigkeit von Naturzeolith-Reserven bei AKWs

Diese Erkenntnisse der Tschernobylkatastrophe sollten für alle heute im Betrieb befindlichen AKWs zu einer von der UNO per Gesetz festgelegten Verpflichtung führen, in ihrer unmittelbaren Nähe einen Speicher mit großen Mengen Naturzeolith für den Ernstfall anzulegen. Diese Ernstfallspeicherung von Naturzeolith bei jedem AKW müsste differenziert nach folgenden Schwerpunkten zugriffsbereit gesondert gespeichert werden:

1. zum Dichten des defekten Blocks des AKW
2. zur direkten Bekämpfung der Ausströmung der Radioaktivität aus dem geschädigten Reaktorblock
3. zur Verhinderung des Eindringens radioaktiver Materialien in Böden und Gewässern
4. zum Waschen von Häusern, Transportmitteln, Geräten, Maschinen, Bekleidung, von Nutzvieh und anderen Dingen
5. zur Sicherung von nicht mit radioaktivem Material verseuchten Nahrungsmitteln und Trinkwasser
6. zum Schutz des Nutzviehs vor radioaktiver Kontaminierung
7. zur Verhinderung oder Behandlung der Strahlenerkrankung bei Mensch und Tier

Auch die beiden überalterten und schon geschädigten AKWs in Tihange 2 und Doel 3 in Belgien stellen eine Gefahr dar. Trotz der Proteste werden sie wieder in Betrieb genommen.

In Deutschland ist die Stadt Aachen stark gefährdet. Der Bürgermeister dieser Stadt hat zur Diskussion gestellt, ob nicht Vorräte von Jod zum präventiven Schutz bereit gestellt werden sollten. Jod ist aber keine Lösung, weil dieses nur in der ersten Phase einer Katastrophe wirken und Cäsium nicht binden kann.

Prävention gegen AKW-Katastrophen ist nur durch Naturzeolith und Montmorillonit-Bentonit möglich. Diese Silikate können, wie die Katastrophe von Tschernobyl gezeigt hat, präventiv sicher wirken, weil sie alle Radionuklide sicher binden können. Nur müssen diese Silikate sofort zur Stelle sein, was in Tschernobyl leider nicht der Fall war.

Zeolithgebirge: Ideale und sichere Endlagerstätten von Atommüll

Nach den Erfahrungen von Tschernobyl mit 500.000 Tonnen Zeolith wäre es angebracht, dieses Silikat in seiner Tuffgesteingestalt auch im Zusammenhang mit Zwischen- und Endlagern einzusetzen. Der Atommüll wird zunehmend zu einer großen Gefahr für die Natur und die Lebewesen unseres Planeten.

In den USA läuft seit mehr als 10 Jahren ein derartiges Projekt: Das Atommüll-Endlager Yucca Mountain im Bundesstaat

Nevada. Der Yucca Mountain ist ein Gebirgszug von ca. 10 km Länge, der aus über 50 % Klinoptilolith-Zeolith besteht. Experten, die die dekontaminierende Wirkung des Klinoptilolith-Zeoliths kannten, haben vorgeschlagen, den US-amerikanischen Atommüll in Yucca Mountain als Endlager unterzubringen. Im Jahr 2002 hat der US-Senat unter der Präsidentschaft von George Bush beschlossen, den Yucca Mountain als geologisches Atommüllendlager auszubauen. Es wurde ein Stollen, der sich 200-400 m unter der Bergoberfläche und 150 m über dem Grundwasserspiegel befindet, in den Berg hineingetrieben.

Dort sollten 77.000 Tonnen radioaktiver Atommüll und 63.000 Tonnen abgebrannte Brennelemente gelagert werden. Seit Beginn dieses Baus kämpfen Umweltorganisationen und Bewohner des Bundesstaates Nevada gegen dieses Projekt. Das Hauptargument: Die Yucca-Mountain-Region ist nicht erdbebensicher und vulkanausbruchsicher. Im Februar 2009 hat Präsident Obama das Projekt vorläufig gestoppt.

Zeolithgebirge bieten aus meiner Sicht die sicherste Endlagerung für Atommüll, weil sie nicht schlechthin Lagerstätten sind, sondern die strahlenden Radionuklide auch dekontaminieren, d. h. unschädlich machen können. Natürlich müssen sie erdbeben- und vulkanausbruchsicher sein.

Die radioprotektive Wirkung des Naturzeoliths und teilweise auch des Montmorillonits wurde schon bei folgenden Reaktorkatastrophen erfolgreich zur Bindung von radionuklider Strahlung eingesetzt:

1945: Atombombe der USA in Japan, Hiroshima, Nagasaki
1979: Schwerer Reaktorunfall Three Miles Island, Harrisburg, USA
1986: Reaktorkatastrophe Tschernobyl, Ukraine
2011: Reaktorkatastrophe Fukushima, Japan

Naturzeolith-Produkte in Russland und Aserbaidschan

Russische Föderation

Sieht man die Zertifikate zum Zeolith des Kholinsker Vorkommens an, die von einem Vertreter des Atomministeriums der Russischen Föderation und von einem des Innovationsrates der Russischen Föderation unterzeichnet werden müssen, dann stellt man fest, dass dieser Zeolith für folgende Verwendungszwecke staatlich zertifiziert wird:

- Naturzeolith als Ergänzung zum Futter der landwirtschaftlichen Vieh- und Geflügelzucht
- Zeolithmehl für die Vieh- und Geflügelzucht
- Naturzeolith als Beifutter für landwirtschaftliche Tiere
- Naturzeolith für die Zementindustrie
- Naturzeolith für die Baumaterialien
- zermahlener Naturzeolith für die Papierindustrie

- Naturzeolith als Grundlage von Polymerkompositionen zur Herstellung von Kunstleder und Planen
- Naturzeolith als adsorbierender Filter zur Reinigung des Trinkwassers und zur Klärung von Abwässern

Naturzeolith-Produkte in Aserbaidschan

In Aserbaidschan stehen die Produktion und eine breite Anwendung von Naturzeolith unter Leitung von Prof. Dr. Eltschin Khalilov. Das Vorkommen ist in Aidag im Kaukasus. Prof. Khalilov hat uns auf seine Datscha in der Nähe von Baku eingeladen und uns gezeigt, wie er und seine Freunde in einem wüstenähnlichen Gebiet eine Zone geschaffen haben, wo zuvor keine Vegetation war und innerhalb von 10 Jahren eine blühende Oase entstanden ist. Diese entstand in der Weise, dass das wüstenähnliche Gebiet mit Naturzeolith bestreut und mit Wasser berieselt wurde. Auf diesem vorbereiteten Boden wurden Bäume, Büsche und Gartengemüse angepflanzt. Sie gediehen auf diesem mit Naturzeolith vorbereiteten Boden vorzüglich. Das Ausstreuen von Naturzeolith wurde dort jedes Jahr wiederholt. Auf Stellen, die nicht mit Zeolith bestreut wurden, wuchs weiter absolut nichts.

Erdbebensichere Häuser aus Zeolith-Mauerstein

Prof. Khaliolov hat auch Mauersteine aus Naturzeolith entwickelt, mit denen erdbebensichere Häuser gebaut werden können.

Abbildung 2:
Der Autor mit Frau Dr. Tamilla Khalilova auf dem Gelände des mit Naturzeolith bestreuten Wüstengeländes etwa 12 Jahre nach Beginn der Naturzeolith-Kultivierung in der Nähe von Baku

Abbildung 3:
Naturzeolith-Mauersteine zum Bau erdbebensicherer Häuser;
links unten: Der Autor an der Mauer aus Naturzeolith-Steinen, die mit simulierten Erdbebenerschütterungen belastet wurden.

Diese liefert er u. a. nach Ostasien. Auf einem Zeolithkongress im Jahr 2007 in Baku demonstrierte er die Steine und eine damit erbaute Mauer. Diese Mauer wurde mit simulierten Erdbebenerschütterungen bis zur Stärke 10 der Richterskala belastet. Die Mauer stand dabei sehr stabil. In Abbildung 3 werden die Naturzeolith-Mauersteine und die mit diesen errichteten Modelle demonstriert.

Zu Aserbaidschan wäre noch zu erwähnen, dass allein das Vorkommen des Kaukasus-Klinoptilolith-Zeoliths im Gebiet Aidag schätzungsweise über 70 Millionen Tonnen beträgt [Khalilov und Bagirov 2002]. Schon allein aus diesem Grund ist in diesem Land die Herstellung von Zeolith-Produkten sehr vielfältig.

So werden Pasten und Cremes mit Zeolith gegen Hauterkrankungen, feuchte Exantheme, Juckreiz, Fußpilz, Quaddeln, Scheuerwunden und Schwielen an den Füßen sowie gegen Fußgeruch hergestellt. Auch zur Wundheilung und für kosmetische Zwecke gibt es Zubereitungen.

Interessant ist in diesem Zusammenhang, dass ein Hauptabnehmer dieser Produkte die Armee ist, weil durch deren Anwendung Ausfälle durch Krankheiten der angeführten Art, vor allem Fußkrankheiten, verhindert oder schnell einer Heilung zugeführt werden. Damit wird eine Schwächung der Kampfkraft der Armee durch kranke Soldaten auf ein Minimum reduziert [Khalilov und Bagirov 2002].

In Aserbaidschan spielt der Zeolith auch in der Landwirtschaft eine große Rolle. Er findet als Beifutter für das Nutzvieh, zur Verhinderung von Stallgerüchen und als Bodendünger Anwendung. Der aggressive Kot von Hühnerfarmen wurde mit Naturzeolith vermischt und ergab einen vorzüglichen natürlichen Ackerdünger.

Zeolith in Haushalt und Garten

Unter dieser Überschrift bringt der Bakuer Zeolith-Produzent, die Forschungs- und Produktionsfirma „Yeni Tech", folgende Produkte auf den Markt [Khalilov und Bagirov 2002]:

- Desodorator für Schuhe: absorbiert Flüssigkeit, unangenehme Gerüche, verhindert die Entwicklung von Mikroorganismen in den Schuhen.
- Streupulver für Füße: hilft unangenehme Gerüche zu beseitigen, senkt überschüssige Neigung zum Schwitzen, dank der bakteriziden Eigenschaften beschleunigt es die Heilung der kleinen Wunden an den Füßen und verhindert das Eindringen der krankheitserregenden Bakterien.
- Desodorator für Schuhschränke: absorbiert Feuchtigkeit und unangenehme Gerüche.
- Desodorator für Wohnzimmer: beseitigt beliebige unangenehme Gerüche, macht die Luft sauberer und angenehmer.
- Desodorator für Badezimmer und Toiletten: beseitigt beliebige unangenehme Gerüche einschließlich Ammoniumgeruch

- Desodorator für Kleiderschränke: wird für Beseitigung von Gerüchen von Kleidern eingesetzt, er hat auch die Fähigkeit, die Feuchtigkeit von Bekleidungen zu senken.
- Desodorator für die Küche: beseitigt alle Gerüche, die im Prozess der Zubereitung der Nahrung entstehen.
- Kühlschrankdesodorator: beseitigt beliebige Gerüche effektiv, verhindert die Schimmelbildung, Pilzwachstum und Verbreitung der Bakterien, was die Dauer der Produkterhaltung prolongiert.
- Desodorator für Gemüseaufbewahrung: beseitigt beliebige unangenehme Gerüche und Feuchtigkeit.
- Desodorator für Mülleimer und Müllcontainer: hilft den unangenehmen Geruch der Abfälle zu beseitigen, entfernt Feuchtigkeit und verhindert das Erscheinen von Schaben.
- Desodorator für Teppiche und Polstermöbel: entfernt total stabile Gerüche der Kunststoffbeläge und Teppiche beliebiger Art, Portiere, Polstermöbel, Bezugsstoffe der Autositze.
- Unterlagestoff für Haustiere, z. B. Vögel, Hamster, Kaninchen, Iltisse u. a. Er entfernt alle unangenehmen Gerüche, hat die Fähigkeit, Feuchtigkeit zu sorbieren und deswegen spielt er die Rolle des Trockners.
- Die Füllung für Katzentoiletten mit Zeolith wird für die Entfernung der unangenehmen Gerüche und Trocknung der Exkremente angewendet.
- Zeolith als Trockenshampoo für Hunde: wird zum Waschen und für Beseitigung des unangenehmen Geruchs der Tiere angewendet. Dank der bakteriziden Eigenschaften beschleunigt es die Heilung der kleinen Wunden auf der Haut der Tiere, verhindert das Eindringen krankheitserregender Bakterien in die Wunde, trägt zur schnellen Heilung verletzter Stellen bei.
- Desodorator für Autos: entfernt beliebige unangenehme Gerüche im Autoraum, z. B. Gerüche von Benzin, Dieselöl und anderen Stoffen, die im Kofferraum des Autos entstehen können.
- Reinigungs- und Waschpulver aus Zeolith: wird für Waschen des Küchengeschirrs, Fett-, Anflug- und veraltete Fleckenentfernung eingesetzt, für Wannen, Kachel-, Waschbecken-, vernickelte Flächenreinigung und gleichzeitig für Beseitigung beliebiger unangenehmer Gerüche verwendet. Er wirkt auch wohltuend auf die Hautoberfläche der Hand, macht sie weich und gleichzeitig heilt er kleine Wunden und Spalten.
- Zeolith für Blumenbeete: verhindert Krustenbildung in Böden, verbessert den Ionenaustausch der Pflanzenwurzeln.
- Zeolith gegen Tabakrauch: wird verwendet für die Beseitigung des unangenehmen Geruchs von Aschenbechern und den toxischen Stoffen von Zigarettenrauch. Er kann auch zur Reinigung der Luft, der Räume verwendet werden.

Abbildung 4: Zimmeraquarium – klar und sauber mit Naturzeolith

- Zeolith im Zimmeraquarium: entfernt Ammoniakionen, die sich im Prozess der Lebenstätigkeit der Fische bilden, adsorbiert Mikroben, die toxische Gase ausscheiden und verbessert dadurch die Sanitärbedingungen des Bewohnmilieus der Fische. Verhindert das Entstehen verschiedener Krankheiten. Dieses Mittel verhindert auch Versauern des Wassers und beseitigt unangenehme Gerüche. Der Boden aus Zeolithgesteinen erleichtert die Pflege des Aquariums. Dies braucht nur alle 4-6 Monate gesäubert zu werden.
- Zeolith als Gartendünger: Das Düngen der Erde mit Zeolith verbessert deutlich ihre Qualität und verschafft die Möglichkeit einer besseren Verwendung der mineralischen Elementennahrung, erhöht das Salz-Wasser-Regime der Pflanzen, verstärkt deren Wachstum und Entwicklung, senkt den Gehalt der toxischen Elemente in der grünen Masse der Pflanzen dank seiner bakteriziden Eigenschaften, verhindert die Erkrankung der Wurzeln, hat die Eigenschaft, die Wirkung von Düngern zu prolongieren. Außerdem enthält der Zeolith viele für die Pflanzen notwendige Mineralstoffe.
- Zeolith für Haus- und Nutztiere: Eine diätetische Ergänzung für Futter der Haustiere wird angewendet zur Steigerung der Widerstandsfähigkeit des Organismus, Vorbeugung der nicht ansteckenden Magen-Darm-Krankheiten, zur Regelung des Ionenaustausches, zur Ausscheidung der Überschüsse der schädlichen Mikroelemente aus dem Organismus und Speicherung der fehlenden Mikroelemente.
- Zeolith als Ddiätetische Nahrungsergänzung für das Futter von Ziervögeln:

vermindert die Verfettung und Vergrößerung der Muskelmasse der Vögel bei geringer Bewegung. Dieses Mittel ist die beste Vorbeugung gegen Magen-Darm-Erkrankungen, gegen Aufhalten, Aufhören des Wachstums und Ausfall der Federn der Ziervögel.

Naturzeolith – ein Rohstoff des 21. Jahrhunderts

Diese Beispiele aus Aserbaidschan, einem sehr kleinen Land, das jedoch große Vorkommen an Naturzeolith hat, zeigen, dass die Bezeichnung „Naturzeolith – Rohstoff des 21. Jahrhunderts" keinesfalls übertrieben ist.

Nach einer von mir durchgeführten Literaturrecherche gibt es in über 50 Ländern unseres Planeten Naturzeolith-Vorkommen, die in vielfältiger Weise, wie in Aserbaidschan, als Rohstoff genutzt werden. Dies geschieht auch in solchen großen Ländern wir z. B. Russland und USA.

Dieses Naturtuffgestein vulkanischen Ursprungs trägt offiziell die Bezeichnung Klinoptilolith-Zeolith. Der Klinoptilolith-Zeolith kommt in allen Erdteilen unseres Planeten vor. Er dient, wie vorstehend an Beispielen aufgezeigt, in vielfacher Weise als Rohstoff. In manchen Ländern wird der Klinoptilolith-Zeolith als strategischer Rohstoff bewertet. Dabei spielt das in ihm enthaltene Siliziumdioxid eine wichtige Rolle.

Während es in Deutschland zahlreiche Vorkommen an Montmorillonit gibt (z. B. in Baden-Württemberg, Bayern, Niedersachsen, Sachsen, Schleswig-Holstein, Thüringen, Mecklenburg-Vorpommern), wurde bisher in Deutschland kein brauchbares Naturzeolith-Vorkommen gefunden.

Ungeachtet dessen fand der Naturzeolith auch in Deutschland seit dem Jahr 2000 in verschiedenen Branchen großes Interesse, z. B. in der alternativen Medizin, in der Landwirtschaft, in der Ökologie und Wasserwirtschaft.

Abbildung 5: Zeolithvorkommen in der Türkei

Internationale Unbedenklichkeitsdokumente zum Naturzeolith

Die Wirkeigenschaften des Klinoptilolith-Zeoliths sind: selektiver Ionenaustausch, Adsorption und Molekularsiebfunktion. Sie erschlossen viele Anwendungsgebiete, z. B. im Gartenbau, als Zusatzstoff zum Viehfutter, für die Beseitigung der Geruchsbelästigung von Tierställen. Von einem generellen Durchbruch kann aber noch nicht die Rede sein. Leider gibt es seitens der Behörden, unterstützt von Massenmedien mit unwissenschaftlichen Behauptungen und Begründungen, Gegensteuerungen und Gegenmaßnahmen und sogar Verbote zur Anwendung von Naturzeolith und Montmorillonit und das u. a. nach der erfolgreichen großflächigen Anwendung des Klinoptilolith-Zeoliths (und auch Montmorillonits) bei der Schadenbegrenzung der Nuklearkatastrophe in Tschernobyl.

Klinoptilolith-Zeolith wird innerhalb der EU als zertifiziertes Medizinprodukt (TÜV Rheinland) vertrieben. Der Anwendungsbereich ist vor allem die Detoxikation, obgleich auch ausreichend Studien für die Heilwirkungen vorliegen [Hecht 2015; Hecht und Hecht-Savoley 2005, 2000]. Im Gegensatz dazu ist er als Nahrungsergänzungsmittel aufgrund der Novel-Food-Verordnung nicht zugelassen. Klinoptilolith-Zeolith wurde daher im Dezember 2011 vom Bundesamt für Verbraucherschutz und Lebensmittelsicherheit (BVL) bei Missachtung des aktuellen wissenschaftlichen Erkenntnisstands unter der Schnellwarnungsnummer „2011/1849" als nicht zugelassene neuartige Lebensmittelzutat in Nahrungsergänzungsmitteln erfasst.

In den USA ist der Zeolith offiziell unbedenklich. Die Food and Drug Administration der USA (FDA) hat unter dem Code der federalen Regulation (CFR) Title 21 Zeolith (CFR 21) 182.2727 und Aluminiumsilikate unter (CFR 21) 182.2227 als unbedenklich zugelassen.

Der Klinoptilolith-Zeolith, der als Zusatzstoff E567 und E568 und später 19 598 bezeichnet und registriert wurde, wurde laut seiner Definition durch die Regulation der Europäischen Kommission sowie der Herausgabe einer neuen EU-Regulation als vollkommen unbedenklich für die Gesundheit für Mensch und Tier eingestuft und zwar ohne Notwendigkeit eines Post-Market-Monitorings! Damit wird erstens belegt, dass Klinoptilolith-Zeolith, der als Antioxidans in Verpackungen eingesetzt wird, nicht auf das darin verpackte Lebensmittel übergeht. Zweitens wird belegt, dass keine Gefahr für den das Fleisch eines Tieres konsumierenden Menschen besteht, da der Klinoptilolith-Zeolith während der Passage durch den Magen-Darm-Trakt des Masttieres nicht abgebaut wird und somit nicht in den Körper des Tieres übergeht und in weiterer Folge nicht in den Körper des Menschen gelangen kann. Folgerichtig wurde der Klinoptilolith-Zeolith auch 2013 für alle Tierarten freigegeben, nachdem er bis dahin nur für die Mast von Schweinen, Hühnern, Truthähnen, Rindern und Lachsen zugelassen war. Die EFSA hat die Ausweitung auf alle Tierarten nur deswegen durchgeführt, weil sie kein Gefährdungspotential durch den Klinoptilolith-Zeolith ausmachen konnte.

Für Bentonit bestätigt ein wissenschaftliches Gutachten der EFSA (European Food Safety Authority) [2012] über die Sicherheit der Wirksamkeit von Bentonit als technologischer Futterzusatzstoff für alle Tierarten die Unbedenklichkeit.

Die Massenmedien sollten sich um wichtigere Dinge kümmern und nicht den Naturzeolith verunglimpfen!

Unter Nutzung der Massenmedien, z. B. des ZDF und NDR, werden falsche Behauptungen von inkompetenten „Experten" in die Welt posaunt, wodurch Anwender verunsichert werden. Es gäbe viele wichtigere Sachverhalte für die Medien, die öffentlich gemacht werden müssten, z. B. der Missbrauch von Antibiotika in der Medizin und vor allem in der Massentierhaltung, die Gefahr der antibiotikaresistenten Krankheitserreger für die Menschheit und Tierwelt, die brüchigen AKWs an den Grenzen zu Deutschland in Frankreich und Belgien (wo unbedingt Klinoptilolith-Zeolith aufgrund von Erfahrungen in Tschernobyl präventiv gelagert werden müsste) sowie die von der WHO (Weltgesundheitsorganisation) gegebene Einschätzung, dass weltweit 10 % der Klinikbetten mit Patienten belegt sind, die durch Arzneimittel „klinikreif" krank geworden sind.

Bei so vielen Unsinnigkeiten, die gegen den Naturzeolith aufgebracht werden, wird man unwillkürlich an das Zitat des Schriftstellers, Dichters und Theaterregisseurs Bertold Brecht erinnert: „Wer die Wahrheit nicht weiß, ist nur ein Dummkopf. Aber wer die kennt und sie eine Lüge nennt, der ist ein Verbrecher." [Bertold Brecht (1908-1956), „Das Leben des Galilei", 1938/1939]

Der Naturzeolith: Was ist er? Was kann er?

Der Naturzeolith ist ein natürliches, mikroporöses Tuffgestein vulkanischen Ursprungs, welches in den Gebirgen vieler Länder vorkommt. Die Geologie und Mineralogie unterscheidet verschiedene Gruppen von Zeolithen, die mehr als 100 Arten dieses Tuffgesteins umfassen.

Die Zeolithe werden als wasserhaltige Gerüstsilikate eingestuft. Sie können bis zu 40 % ihres Trockengewichts an Wasser enthalten, welches beim Erhitzen wieder abgegeben wird, ohne die eigene Struktur zu verändern. Ein Zeolithmineral ist ein kristallines Gestein. Aus dem wasserhaltigen Zustand erfolgt die Entwässerung bei nahezu 400 °C. Entwässerter Zeolith kann wieder Feuchtigkeit aufnehmen.

Es werden Faserzeolith, Blätterzeolith und Würfelzeolith klassifiziert. Für die Lebenswissenschaften wird der Klinoptilolith-Zeolith verwendet. Er ist als ein Blätterzeolith zertifiziert.

Klinoptilolith-Zeolith ist ein mikroporöses Tuffgestein, welches mit kalibrierten

Abbildung 6: Strukturelle Bestandteile eines Zeolithpartikels. Anionenanteil des Klinoptilolith-Zeoliths. Beispiel eines Verhältnisses von $SiO_4 : AlO_4$ von 5:1. [Hecht 2015]

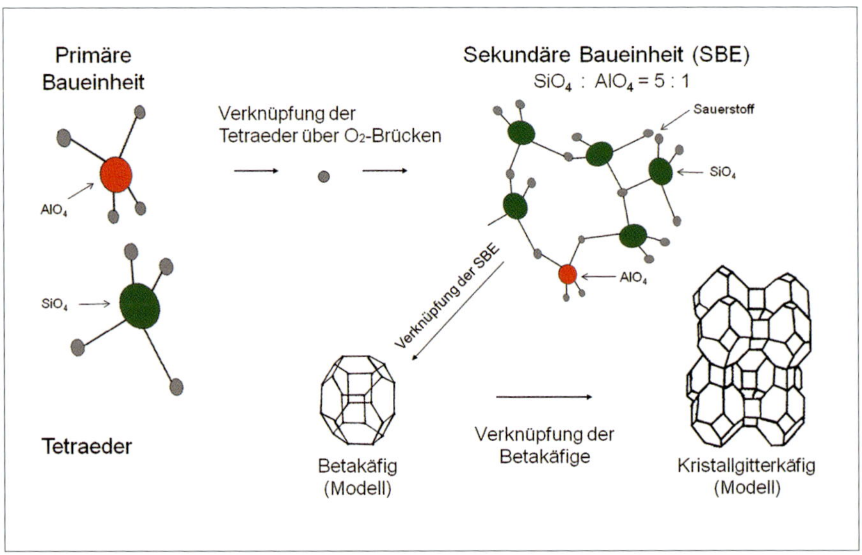

Kristallgitterkanälchen (Poren) von 0,4-0,72 nm ausgestattet ist. Diese unterschiedlichen Kristallgitterkanälchen vermögen mittels Molekularsiebfunktion den selektiven Ionenaustausch zu gewährleisten.

Chemisch ist der Natur-Klinoptilolith-Zeolith ein stabiles Aluminiumsilikat.

Zahlreiche Untersuchungen haben nachgewiesen, dass Natur-Klinoptilolith-Zeolith völlig untoxisch ist. Er ist ebenfalls säure- und temperaturstabil.

Der Natur-Klinoptilolith-Zeolith besteht aus einem Anionenteil aus Silizium- und Aluminiumtetraedern, wobei gewöhnlich das Verhältnis von Silizium zu Aluminium 4:1 bis 8:1 beträgt, und einem Kationenteil. Die Kationen wie Na+, Ca++, Zn++, Mg++,

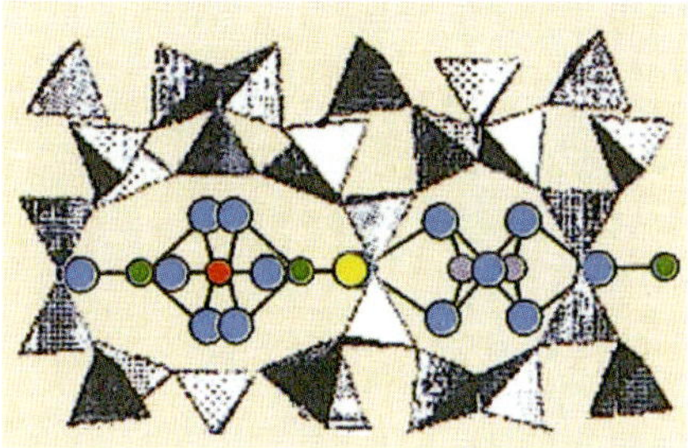

Abbildung 7:
Kationenteil (modifiziert nach Belizkiy und Novoselov 2006 von Hecht und Hecht-Savoley 2008). Elektronenmikroskopische Aufnahme von den Mikroporen (Kristallgitterkanälchen) des Natur-Klinoptilolith-Zeoliths in denen sich die Kationen befinden.

K+ u. a. befinden sich in den Kristallgitterkanälchen.

Naturzeolith hat also einen hohen Anteil an Silizium. In den Kristallgitterkanächen befinden sich Kationen (siehe Abbildung 6). Im menschlichen und tierischen Körper wird das SiO_4 in kolloidales SiO_2 überführt, das eine große Bioverfügbarkeit bietet. Alle Körperflüssigkeiten sind kolloidal.

Tabelle 1:
Beispiele der Elemente-zusammensetzung von verschiedenen Natur-Klinoptilolith-Zeolithen (Hecht und Hecht-Savoley 2005/2008)

Kosiče/Slowakei	**Aidag/Kaukasus** (Khalilov und Bagirov 2002)	**Kholinsk/Sibirien** (Veretenina et al. 2003)
SiO_2 = **65,0-71,3 %**	SiO_2 = **64,16 %**	SiO_2 = **66,7-72,8 %**
Al_2O_3 = 11,5-13,1 %	Al_2O_3 = 10,74 %	Al_2O_3 = 12,2-14 %
MgO = 0,6-1,2 %	MgO = 2,17 %	MgO = 0,2-1,9 %
Na_2O = 0,2-1,3 %	Na_2O = 2,52 %	Na_2O = 0,8-3,0 %
CaO = 2,7-5,2 %	CaO = 3,67 %	CaO = 1,5-3,8 %
TiO_2 = 0,1-0,3 %	TiO_2 = 1,1 %	TiO_2 = 0,08-0,3 %
K_2O = 2,2-3,4 %	K_2O = 1,38 %	K_2O = 2,7-4,4 %
Fe_2O_3 = 0,7-1,9 %	Fe_2O_3 = 1,26 %	Fe_2O_3 = 1,4-2,7 %

Tabelle 2:
Verhältnis von SiO_2: Al_2O_3 in verschiedenen Vorkommen (Hecht und Hecht-Savoley 2008)

Ort	**SiO_2**	**Al_2O_3**	**Verhältnis**
Kosiče/Slowakei	66-71 %	11-13 %	> 6:1
Aidag/Kaukasus	64,15 %	10,74 %	> 6:1
Kholinsk/Sibirien	65-73 %	12 %	> 5:1
Olgin/Kuba	68-70 %	8 %	> 8:1

Abbildung 8: Zeolithgestein

Von der Grobstruktur zur Partikelstruktur des Naturzeoliths

Das Zeolithgestein wird zerkleinert und mittels besonderer Verfahren von Fremdstoffen gesäubert. Mit speziellen Mikronisierungsverfahren wird der Naturzeolith pulverisiert und teilweise auch aktiviert. Wissenschaftliche Untersuchungen [Montinaro et al. 2013] und praktische Erfahrungen belegen, dass eine mittlere Korngröße von zirka 7 µm im menschlichen Körper am wirkungsvollsten ist.

Von jeder Charge wird eine Analyse durchgeführt und ein Datenblatt angelegt. Dies weist u. a. die mineralische und chemische Zusammensetzung sowie das Freisein von Schadstoffen und Keimen aus.

Ein derartiges Zeolithkörnchen ist mit einer Unzahl von Kristallgitterkanälchen von 0,4-0,72 Nanometer durchsetzt. Es sieht aus wie ein Schwamm und kann auch Ionen wie ein Schwamm aufsaugen. Diese Kanälchen sind streng kalibriert und dienen dem selektiven Ionenaustausch. Der selektive Ionenaustausch ist nicht nur für Lebensfunktionen im menschlichen Körper wertvoll, sondern auch für die Technik von sehr großem Interesse.

Die Herstellung von synthetisierten Zeolithen nach Vorbild des Naturzeoliths für den technischen selektiven Ionenaustausch gehört heute schon zur Alltäglichkeit.

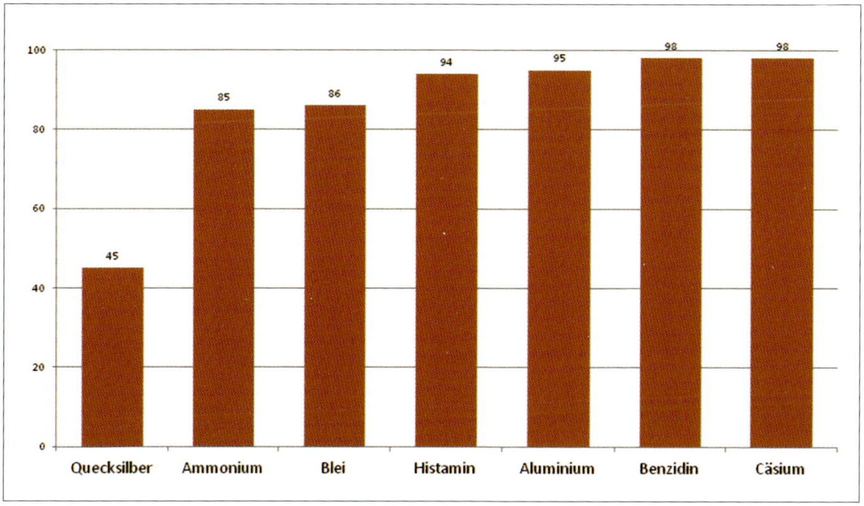

Abbildung 10: Im Reagenzglas (in vitro) geprüftes Bindungsvermögen des Naturzeoliths (MANC) für verschiedene ausgewählte Stoffe [Quelle: Froximun AG 2012, zitiert bei Hecht 2015]

Die Sorptionsreihen können unterschiedlich verlaufen. Die Sorption ist von verschiedenen Faktoren abhängig, z. B. von der Struktur des Zeoliths, vom pH-Wert, vom Ionenangebot im Darm und von den Poren im Zeolith, von der Natur des Anions, von der Temperatur, von der „Verschmutzung" der Grundsubstanz der extrazellulären Matrix u. a.

Die folgende Abbildung demonstriert das Bindungsvermögen des Naturzeoliths (MANC-Zeolith) für verschiedene Stoffe. Blei, Cäsium (Radionuklid) und Quecksilber werden vom MANC-Zeolith gebunden. Blei und Cäsium besonders stark. Ähnlich wie im Reagenzglas (oder sogar noch besser) können diese Schadstoffe im tierischen und menschlichen Körper gebunden werden. Das hängt natürlich von vielen Faktoren ab. Diesen Hinweis gebe ich unter dem Aspekt, dass der Umweltgiftreport 2015 diese drei Schadstoffe unter den gefährlichsten eingestuft hat. Nach dem Umweltgiftreport sind 2015 an Bleivergiftungen 26 Millionen Menschen weltweit erkrankt, an radioaktivem Cäsium 22 Millionen und an Quecksilber 19 Millionen Menschen. Angaben für Tiere fehlen leider.

Leider wird im Umweltgiftreport 2015 Zeolith als mögliches therapeutisches oder prophylaktisches Mittel nicht erwähnt.

Ammonium (Ammoniak) ist häufig ein Stoffwechselendprodukt von Tieren und Menschen, welches auch giftig wirken kann. Sowohl der ammoniumbedingte Geruch in Tierställen kann durch Zeolith beseitigt werden, als auch die Sauberkeit eines Aquariums mit Zeolithböden durch Bindung von Ammonium gewährleistet werden. Mit Zeolith kann auch überschüssiges Histamin gebunden werden, wodurch Allergien verhindert oder reduziert werden können.

Montmorillonit

Da Montmorillonit, auch unter der Bezeichnung Bentonit oder Smektit bekannt, bedeutend früher und teilweise auch häufiger für die Tiergesundheit angewendet wurde als Naturzeolith, soll er nachfolgend als Schichtsilikat, ebenfalls vulkanischen Ursprungs, kurz beschrieben werden.

Montmorillonit kommt in allen Erdteilen mindestens so häufig vor wie Zeolith. Bentonit ist eine weiße bzw. grauweiße Tonart mit einem hohen Gehalt an Mineralien. Die Bezeichnung geht zurück auf den Fundort: Fort Benton, Montana, USA. Bentonit ist ein infolge „Verwitterung" aus siliziumhaltigem vulkanischem Tuff, durch Kieselbakterien, Flechten und Pilzen entstandenes „Schichtsilikat", dessen Hauptanteil Montmorillonit ist. Montmorillonit wurde nach der französischen Stadt Montmorillon (Vienne) benannt, die auch als Fundort gilt. Reiner Montmorillonit hat ebenfalls eine grauweiße Farbe und wird auch als Schichtsilikat charakterisiert, ebenfalls mit einem Anionenanteil von SiO_4- und Aluminium- (AlO_4) Tetraedern. Das Verhältnis von Silizium zum Aluminium ist im Naturzeolith und Montmorillonit gewöhnlich 3:1 bis 8:1. Ebenfalls aus vulkanischem Tuffstein stammend, hat Montmorillonit vorzügliche Wirkeigenschaften im menschlichen und tierischen Körper.

Ich betrachte Natur-Klinoptilolith-Zeolith und Montmorillonit wie zweieiige Zwillingsbrüder. sie haben vieles gemeinsam, aber jeder hat auch seine Besonderheiten.

Bentonit und Montmorillonit (auch als Smektit bezeichnet) kommen gewöhnlich als ein Gemisch mit unterschiedlichen Anteilen beider Silikate vor.

International hat man sich derzeit so geeinigt, dass jene Schichttonart als Bentonit bezeichnet wird, deren Anteil von Montmorillonit $< 50\ \%$ beträgt. Ist Montmorillonit mit $> 50\ \%$ enthalten, ist die Bezeichnung Montmorillonit obligatorisch.

Montmorillonit dekontaminiert auch Radionuklide

Es konnte mittels der Adsorptions- und Ionenaustauschfunktion des Montmorillonits bei Rindern und Schafen durch Zugaben von 10 % Montmorillonit das Radioisotop Cäsium^{134} drastisch gesenkt werden [Schwarz et al. 1989].

Montmorillonit als Beifutter für landwirtschaftliche Nutztiere kann radioaktiv kontaminierte Lebensmittel (Tierprodukte, Fleisch und Milch) verhindern und somit auch die Gesundheitsgefährdung des Menschen.

Nach der Reaktorkatastrophe in Tschernobyl wurden Montmorillonit und Naturzeolith zur Ausleitung von Radionukliden (Cäsium^{137} und Strontium^{90}) effektiv angewendet. Diese Kombination mit Vitaminen und der Spirulina Alge erwies sich bei Menschen als besonders effektiv [Bgatova und Novoselov 2000].

Einsatz von Montmorillonit in der Veterinärmedizin gegen Infektionen

Die prophylaktische Wirkung des Montmorillonits gegenüber Infektionen im Magen-Darm-Trakt ist bekannt. Hierfür gibt es einige Erklärungsmodelle:

- Bindung pathogener (krankmachender) Bakterien an das Montmorillonit
- Eingreifen des Montmorillonits in die Populationsdynamik der Bakterien

Es konnte nachgewiesen werden, dass Montmorillonit selektiv verschiedene Bakterienpopulationen beeinflussen kann. PH-Wert und Nährstoffverfügbarkeit der Bakterien spielen dabei eine Rolle [Schwarz et al. 1989]. **Präventive Verabreichung von Montmorillonit schützt bei Menschen und Tieren vor Infekten.**

Die Virusbindung durch Montmorillonit ist in zahlreichen Untersuchungen nachgewiesen worden [Schwarz et al. 1989]. Dabei ist zu beachten, dass die Virusbindung an Montmorillonit nicht gleichzusetzen ist mit deren pathogener, also krankmachender Inaktivierung. Es ist aber dennoch möglich, durch die Montmorillonit-Virenbindung mittels Adsorption an die Enterozyten deren pathogene Wirkung zu vermindern oder zu verhindern. Mit Montmorillonit wurde eine starke Wirkung auf die Pilzmyzelien im Darm nachgewiesen. Der verbreitete humanpathogene Pilz „Histomona capsulatum“ wird durch Montmorillonit gehemmt [Lavie und Stotzky 1986].

Elektronenmikroskopisch wurde ein Montmorillonitfilm, der das Myzel (Pilznetz) überzieht, nachgewiesen. So werden die Gas- und Nährstoffaufnahme sowie die Stoffwechselproduktabgabe des Pilzmyzels eingeschränkt. **Bei Pilzerkrankungen bietet Montmorillonit eine gute Hilfe.**

Die breite Anwendung in der Veterinärmedizin verdankt der Montmorillonit (Bentonit) seiner günstigen Wirkung auf das Verdauungssystem.

Schutz der Schleimhäute des Verdauungssystems

Bei peroraler (durch den Mund erfolgter) Verabreichung wird die Schleimhaut von Magen und Darm mit einem dünnen Montmorillonitgel-Schutzfilm belegt, wodurch die Wirkung gegenüber Noxen (krankheitserregenden Faktoren) herabgesetzt und die Nervenenden des Magens und Darms ruhiggestellt werden.

Zahlreiche Wissenschaftler erklären diesen Schleimhautschutz mit einer durch Montmorillonit bewirkten Modifikation der Glycoproteinsynthese der Magen- und Darmschleimhaut.

Detoxikations- und dekontaminierende Wirkungen bei Tieren

In den letzten Jahrzehnten hatte Montmorillonit eine breite Anwendung bei der Entgiftung des menschlichen und tierischen Körpers von Giften, Schadstoffen und Radionukliden zu verzeichnen, denn er bindet u. a. im menschlichen und tierischen Körper:

- Insektizide
- Herbizide
- chlorierte Kohlenstoffe
- Ethanol
- Methanol
- bakterielle Endotoxine
- biogene Amine
- Schwermetalle
- Ammoniak

Tabelle 4: Mineralgehalt des Montmorillonits aus Kasachstan

SiO_2	69,3	% Anteil
Fe_2O_2	3,0	% Anteil
Al_2O_3	23,4	% Anteil
CaO	1,8	% Anteil
MgO	1,5	% Anteil
MnO	0,5	% Anteil
K_2O	0,1	% Anteil

Chemische Zusammensetzung des Montmorillonits

Sie ist ähnlich der des Zeoliths, wie aus Tabelle 4 hervorgeht. Bezeichnend ist ebenfalls der hohe Gehalt an Siliziumdioxid.

Wichtige Wirkeigenschaften des Montmorillonits

- **Selektiver Ionenaustausch**

Der selektive Ionenaustausch erfolgt über die in den Zwischenräumen des Schichtsilikats eingelagerten Kationen. Diese können, wenn der Montmorillonit in den Darm gelangt, gegen Schadstoffe ausgetauscht werden.

NH_4 (Ammoniak), Blei (Pb), Cäsium (Cs), Strontium (Sr), Quecksilber (Hg) und andere Giftstoffe, die sich im tierischen Körper befinden, haben eine große Affinität (Anziehungskraft) zu den Schichten des Silikats, werden angezogen, dort aufgenommen und gebunden (Adsorption). In den freigewordenen Rezeptoren im Körper können nun die Kationen wie Magnesium (Mg), Kalium (K), Natrium (Na), Eisen (Fe), Zink (Zn) u. a. aufgenommen und wirksam werden.

- **Adsorption**

Mittels der Adsorption kann der Montmorillonit Schadstoffe, die aus den Zellen und dem Bindegewebe ausgeleitet worden sind, binden und neutralisieren. Adsorption wird abgeleitet von adsorbere, lateinisch an sich binden. Die Makro- und Mikroporen des Montmorillonits haben eine hohe spezifische Oberfläche. 1 Gramm Montmorillonit kann eine spezifische Oberfläche von 700-800 m² entfachen und somit große Mengen Gift- und Schadstoffe binden und neutralisieren, wenn er sich im menschlichen Körper befindet.

- **Quellung**

Montmorillonit (Bentonit) verfügt über eine bemerkenswerte Quellfähigkeit. Wasser bewirkt, dass sich die Zwischenschichtkationen durch Hydrathüllen aufbauen können. Der Quellungsvorgang (der eindimensional verläuft) wird als „innerkristalline Quellung" bezeichnet. Die Wassermoleküle bilden dabei Sechsecknetze mit einer Kantenlänge von 3 Ångström (Abbildung 11).

Natrium-Montmorillonit kann das 6- bis 7-fache seiner Trockenmasse an Flüssigkeit aufnehmen [Schwarz et al. 1989]. Montmorillonit wird als Schichtton wegen seiner Quellungseigenschaften zur Abdichtung von Teich- und Talsperrenböden verwendet.

- **Thixotropie**

Thixotropie ist die Eigenschaft bestimmter „Zweistoffsysteme" (Kolloide), durch mechanische Beanspruchung (Rühren, Schütteln, Einwirkung von Ultraschall) vom festen in den flüssigen Zustand überzugehen, ohne dass sich dabei der Wassergehalt ändert. In Ruhe verfestigt sich die Substanz wieder. In stark gequollenem Zustand, d. h. wenn ausreichend Wasser vorhanden ist, sind alle Montmorillonite (Bentonite) fähig, thixotropische Wirkungen zu entfalten.

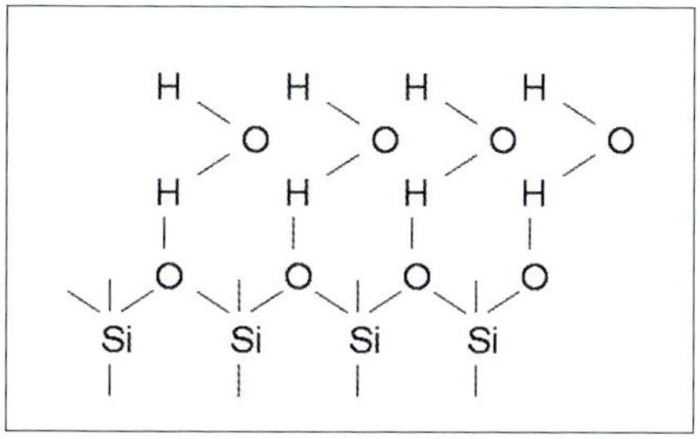

Abbildung 11: Wasserstoffbrücken an der Bentonitoberfläche [nach Voigt 1987]

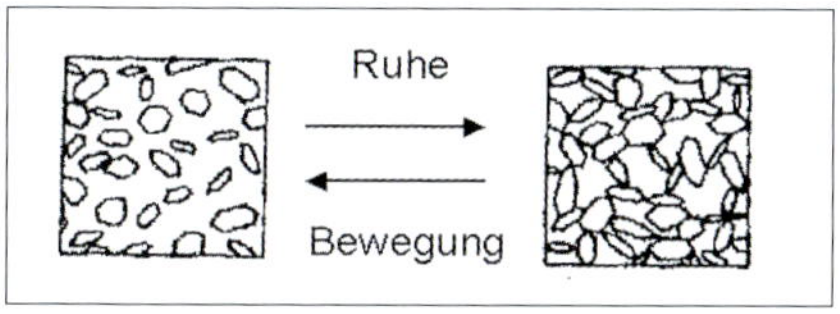

Abbildung 12: Schema der thixotropischen Wirkung von Montmorillonit: Sol-Gel-Umwandlung [nach Voigt 1987]

Aktion Verantwortung für die Natur und Tierwelt

Der Verseuchung des Lebensmilieus der Menschen und Tiere mit Schadfaktoren, der Zerstörung der natürlichen Flora und Fauna und der Entartung von Ackerbau und Massentierhaltung sowie der Gefahr der Atomreaktordefekte und -katastrophen muss dringend Einhalt geboten und unverzüglich eine Wende herbeigeführt werden. Die Lebenssphären für Menschen, Tiere und Pflanzen müssen wieder biotisch werden, d. h. der Natur entsprechen.

Höchste Warnstufe
Es muss alles getan werden, um die ursprüngliche Natur unseres schönen blauen Planten zu erhalten und wieder herzustellen.

Die natürliche Biosphäre

Das Lebensmilieu der Biowesen Mensch, Tier (Fauna), Pflanzen (Flora) und Mikroorganismen ist durch die Natur optimal als Biosphäre gestaltet. Die Biosphäre gewährleistet das Leben auf unserem Planeten. Sie funktioniert aber nur durch eine regulatorische Vernetzung mit der Heliosphäre (Sonne), mit der Atmosphäre (Luft), mit der Magnetosphäre (Schutzschild gegen Sonnenstürme), der Hydrosphäre (Wasserkreislauf) und der Geosphäre (Erdkruste in ihrer Vielgestalt).

Die Sonne (Heilosphäre) gewährleistet der Biosphäre durch ihre elektromagnetische Energie, den Energiestoffwechsel, die Wärmestrahlung (Infrarotstrahlung) und die Sauerstoffproduktion der Atmosphäre.

Abbildung 13: Für jeden Menschen und für jedes Großtier unseres Planeten werden zwei derartige Bäume benötigt, um ausreichend mit Sauerstoff versorgt zu werden.

Unser Leben vollzieht sich in einer Lufthülle. Diese wird als Atmosphäre bezeichnet. Der Begriff stammt aus dem Griechischen:

atmos = Dunst, sphaira = Kugel

Atmosphäre ist die im Schwerefeld (Gravitationsfeld) der Erde „festgehaltene" Lufthülle. Sie erstreckt sich bis etwa 1000 km Höhe über der Erdoberfläche. Ca. 90 % der gesamten Luftmasse sind in den unteren 20 km über der Erdoberfläche enthalten; der Luftdruck nimmt mit zunehmender Höhe ab.

Auf dem Niveau des Meeresspiegels beträgt der Luftdruck 1,293 × 103 g/cm². In einer Höhe von 5 km ist nur noch eine Luftdichte von 0,736 x 103 g/cm² zu messen. Die normale Atmosphäre an der Erdoberfläche wird mit einem Luftdruck von 1013,2 hPa (Hektopascal) bei einer Temperatur von 15 °C definiert.

Der Sauerstoff, den Menschen und Tiere zum Leben benötigen, wird durch Pflanzen und Meeresalgen, vor allem Kieselalgen, gesichert.

Alles Lebende stellt regulationstheoretisch ein offenes System dar. Das bedeutet, dass jeder lebende Organismus mit der natürlichen Umwelt eine biologische Gemeinschaft (Symbiose) eingehen muss, um lebensfähig zu sein. Keine Funktion des Menschen und der Tiere ist aber so intensiv naturverbunden wie die Atemfunktion.

Beim Atmen gehen Mensch und Tiere mit den Pflanzen eine Symbiose (Lebensgemeinschaft) ein. Somit wird für beide Lebewesen, die für sich jeweils ein offenes System darstellen, ein geschlossenes, lebensfähiges System hergestellt. Die Pflanzen „atmen" Sauerstoff aus, den der Mensch und die Tiere einatmen können. Mensch und Tier atmet Kohlendioxid aus, womit sie den Pflanzen ihren Lebensstoff geben.

Der Sauerstoff der Atmosphäre der Erde wird durch Pflanzen, vor allem von den Bäumen und Wäldern auf dem Festland produziert. Die zweite Produktionsquelle sind die Algen in den Ozeanen. Dabei spielen die Kieselalgen eine herausragende Rolle. Experten meinen, dass mehr als 40 % des Sauerstoffs der Atmosphäre (Lufthülle) von den Algen in den Ozeanen geliefert werden. Den größten Teil davon sollen die Kieselalgen produzieren, eventuell 40-50 %.

Die größte Sauerstoffquelle für den Menschen auf dem Festland ist der Wald, vor allem der Urwald, der heute auch Regenwald genannt wird. Ein großer Laubbaum des Urwalds hat ca. 100 m² Laubfläche.

Leider wird Raubbau an den Wäldern betrieben. Aus Profitinteressen werden rücksichtslos große Wälder abgeholzt, also vernichtet. Wir befinden uns durch diese verantwortungslosen Handlungen in einer sehr gefährlichen Situation: Abnahme der natürlichen Sauerstoffproduktion durch reduzierte Baumbestände einerseits und Zunahme der Erdbevölkerung und der Nutztiere andererseits. Damit kommt es

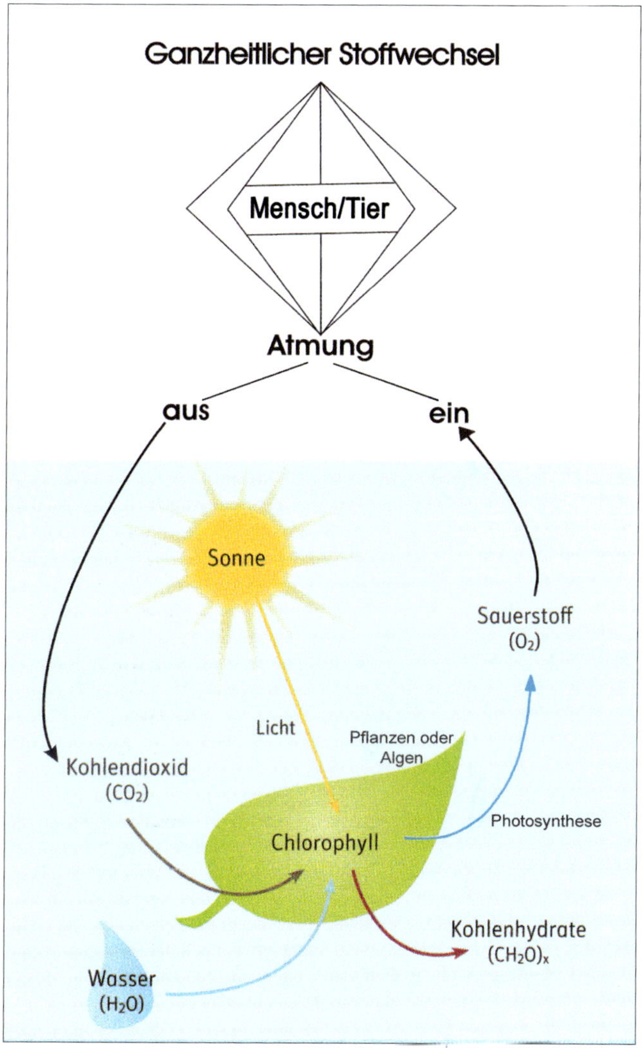

Abbildung 14: Atmungssymbiose zwischen Menschen, Tieren und Pflanzen [modifiziert nach Carrasco 2008]

zur Störung des Sauerstoff-Kohlendioxid-Gleichgewichts auf unserem Planeten. Der CO_2-Ausstoß der Weltindustrie und des Verkehrs kann dieses Gleichgewicht zusätzlich erheblich stören.

Sie werden nun sagen, aber wir haben doch noch die Algen in den Ozeanen. Ja, leider werden aber auch die Ozeane durch Chemikalien, Ölkatastrophen, Gifte, Plastikmüll und seit den Reaktorkatastrophen in Tschernobyl und vor allem in Fukushima auch durch Radionuklide verschmutzt.

Menschen und Tieren kann im wahrsten Sinne des Wortes „die Luft ausgehen". In Großstädten haben Menschen und Haustiere schon erhebliche Probleme mit der Atmung. Dort herrscht bereits eine abiotische Luft, d. h. eine Luft, die nicht den Lebensbedingungen biologischer Wesen entspricht.

Abbildung 15: Vereinfachtes Schema des Verdunstungs-Regen-Zyklus

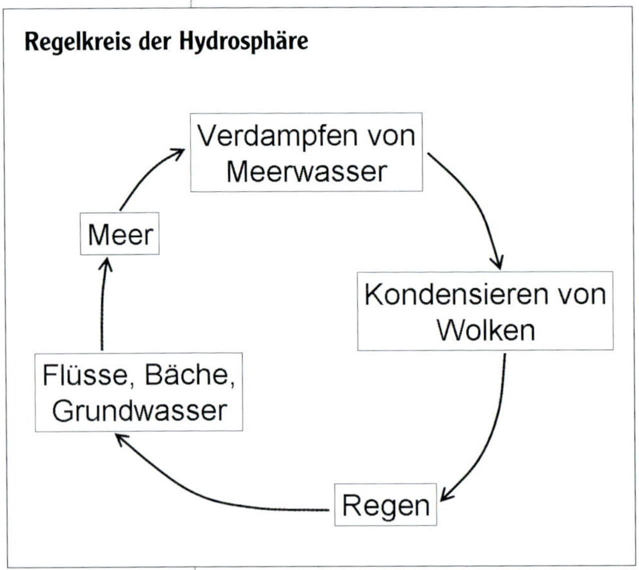

Die Produktion synthetischer Chemikalien und Abgase von Verkehrsmitteln hat dazu geführt, dass wir spätestens seit Mitte des 20. Jahrhunderts keine reine, natürliche, probiotische Luft mehr einatmen können. Am Ende des 20. Jahrhunderts wurden jährlich mehr als 200 Millionen Tonnen synthetischer chemischer Stoffe in die Atmosphäre geschleudert.

Hinzu kommen die Verunreinigungen des Luft- und Straßenverkehrs. In den Abgasen dieser Verkehrsmittel sind es vor allem die feinsten Rußteilchen, die den Menschen doppelt schaden: zum einen die Teilchen-Gase (z. B. CO, NO) selbst, die zur schleichenden Vergiftung beitragen und Entzündungen der Atemorgane bewirken, und zum anderen die Verbindung der Rußteilchen mit den Blütenpollen, die zu aggressiven Allergien, vor allem des Atemsystems, führen. Die Atemluft wurde folglich abiotisch (nicht dem Bedarf von Menschen und Tieren gerecht werdend). Infolgedessen wird die Atmung oberflächlich und arhythmisch. Damit wird das Risiko für chronische Erkrankungen erheblich erhöht.

Die Störung des regulatorischen Gleichgewichts der Hydrosphäre äußert sich in den letzten Jahren in lokalen Massenregengüssen, die zu Überschwemmungen geführt haben. Die Hydrosphäre vollzieht sich exakt nach einem funktionellen Regelkreis. Störungen des Gleichgewichts in der Atmosphäre oder Biosphäre reflektieren sich auch in der Hydrosphäre.

Auch die Magnetosphäre ist durch Störfaktoren des Kommunikations- und Mobilfunks beeinträchtigt und wirkt sich negativ auf Menschen, Tiere und Pflanzen aus.

Im Laufe der Evolution haben sich zwischen der Biosphäre und Magnetosphäre Symbiosen gebildet, die Gesundheit und Lebensqualität von Menschen, Tieren und Pflanzen gewährleisten. Diese natürlichen elektromagnetischen Felder zwischen Biosphäre und Magnetosphäre wurden in den letzten 50 Jahren zunehmend durch die vom Menschen geschaffenen Funkwellen erheblich gestört.

Schlafstörungen, Erschöpfung, chronische Erkrankungen, Unfruchtbarkeit und Krebserkrankungen bei Menschen und Tieren sind die Folge [siehe Hecht 2011/2015].

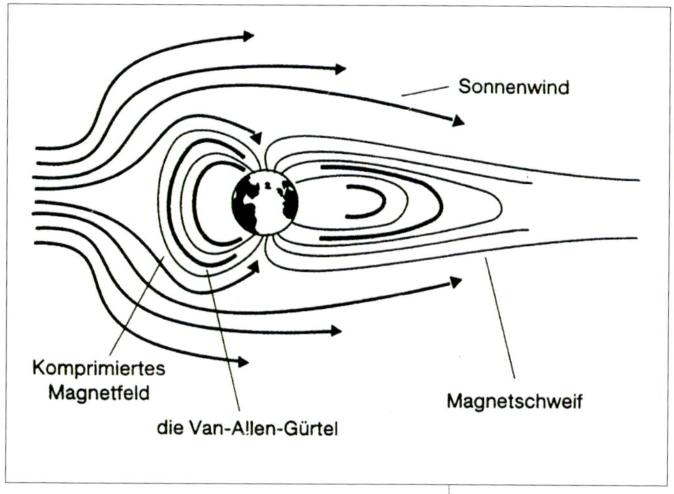

Abbildung 16: Das Magnetfeld der Erde als Schutzschild gegen Magnetstürme in der Exosphäre [nach Weiss 1991]

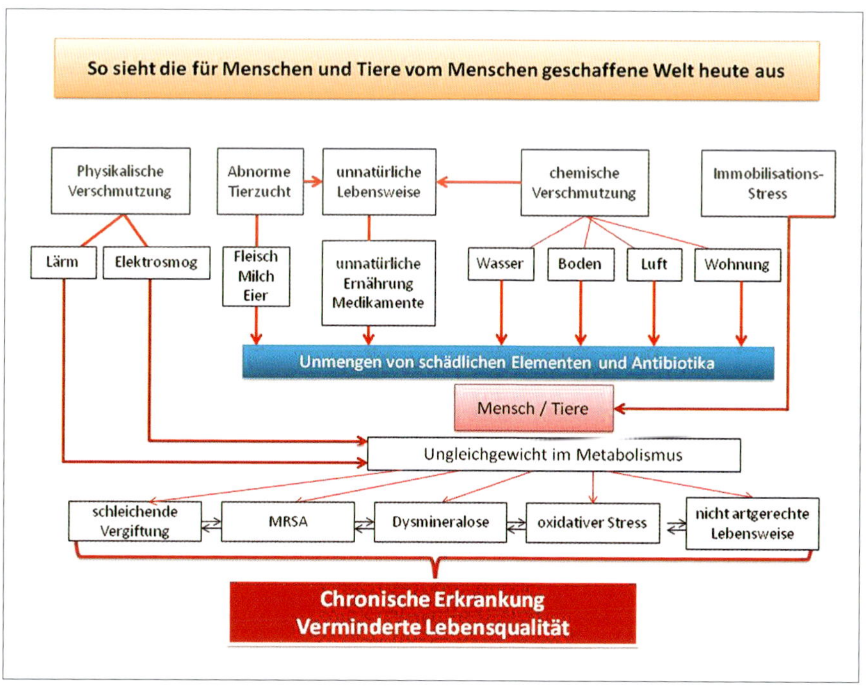

Abbildung 17: Schema der heutigen Biosphäre

Alle derzeitig vom Menschen geschaffenen Störungen in der Magnetosphäre, Atmosphäre, Hydrosphäre und Geosphäre wirken sich auf die Biosphäre negativ aus.

Die gravierenden Veränderungen des Lebensmilieus, d. h. der Biosphäre, haben zur Folge, dass Tiere in gleichem Ausmaß wie die Menschen an „Zivilisationskrankheiten“ erkranken. In einer Haustierklinik wird man Tiere mit Diabetes mellitus, mit Herz-Kreislauf-Erkrankungen und mit Geschwulst-Erkrankungen vorfinden. Die Schweine, die sich in der Massentierhaltung gegenseitig die Schwänze abbeißen, sind neurotisch.

In der Biosphäre gibt es seit Jahrtausenden die Symbiose zwischen Menschen, Tieren und Pflanzen. Die Urbanisierung, Technisierung, Chemisierung, Mobilisierung durch Verkehrsmittel hat einerseits Mensch und Tiere weit von der Natur entfernt, andererseits aber die Beziehung zwischen Mensch und Tier unter verschiedenen ungünstigen Aspekten enger gestaltet.

Bei der Haltung von Haustieren (Hunde, Katzen, Kaninchen, Goldhamster, Ziervögel, Fische in Aquarien) wird die Tierliebe entfaltet. Das ist eine gute Tendenz. Da aber der Mensch sich von der Natur und einem normalen Lebensstil entfernt hat, reflektiert sich unnatürliche Lebensweise auch bei Haustieren in chronischen Krankheiten, wie sie der Mensch auch hat. So erkranken z. B. Hunde genauso an Krebs wie die Menschen. Nachfolgend wird ein Tabellenauszug von Pavlic et al. [2002] angeführt, die bei 22 Hunden Krebs diagnostizierten und diese Erkrankungen mit TMAZ (tribomechanisch aktiviertem Zeolith) effektiv behandelt haben.

Rasse	Alter (Jahre)	Gewicht (kg)	Geschlecht	Diagnose	Vorherige Behandlung
Dt. Schäferhund	8	38	männlich	Hautadenokarzinom (Schwanz)	Operativ entfernt, Resektionswunde verheilte nicht
Dt. Schäferhund (Mischling)	10	35	männlich	Flachzelliges Karzinom der Haut (Schwanz), 3 Tumore	Zwei Knötchen wurden operativ entfernt
Eskimohund	12	40	männlich	Flachzelliges Karzinom der Zunge	Operativ entfernt, Resektionswunde verheilte nicht
Dt. Pinscher	5	3	männlich	Hypertrophie und Hyperplasie der Speicheldrüse	Antibiotika
Berner Sennenhund	8	40	männlich	Lungenkrebs	-

Die Ergebnisse sind aus dieser Tabelle zu entnehmen. Es handelt sich nicht um Versuchstiere, sondern um gewöhnliche Haustiere, die an Krebs erkrankt sind.

Die zweite Beziehung des Menschen zu Tieren sind die Nutztiere. Diese dienen den Menschen zur Sicherung der Ernährung (Fleisch, Milch, Eier), aber auch der Bekleidung als Fell (Pelze, Leder). Das sind in erster Linie Rinder, Schweine, Schafe, Ziegen und Geflügel, vor allem Hühner.

Die dritte Beziehung zwischen Mensch und Tier sind die Arbeitstiere (Pferde, Esel). Pferde werden auch zum Sport genutzt.

Die vierte Beziehung zwischen Mensch und Tier sind die Wildtiere; diese können sowohl der Tierliebe (Beobachtung der Tiere im Freien aus der Ferne, Winterfütterung) dienen, als auch als Nutztiere für die Ernährung (z.B. Hasen, Kaninchen, Rehe, Hirsche, Rentiere).

Die Änderung im Ackerbau führt zu einer Änderung der Vegetation, z.B. Massenanbau von Raps oder Anbau von genmanipuliertem Getreide und Mais, aber auch die Nutzung von Giften zur Schädlingsbekämpfung (Pestizide) führt zu Veränderungen der Lebensweise der Wildtiere (Schwächung des Immunsystems und Erkrankungen). Die Wildtiere haben aber noch die Möglichkeit der Pharmakognosie, der Selbstmedikation durch selektive Geophagie (Erdfressen) von siliziumdioxidhaltigen Erden und Tonerden. Auch im Freien gehaltene Nutztiere nutzen diese Möglichkeit der Selbstmedikation durch Verzehr von Heilerden.

TMAZ-Behandlung	**Biochem. und hämatologische Veränderungen**	**Therapeutische Wirkungen**
6.400 mg/pro Tag 62 Tage lokale Appl. einer Pulversubstanz	Glukose 6,9 -> 3,8; AST 50 -> 38	3 Tage a.t. normaler Heilprozess begann und endete 7 Tage später
4 x 100 mg/ pro Tag, 93 Tage	Urea	17,5 -> 6,3, verbleibendes Knötchen verschwand nach 67 Tagen a.t.
3x100 mg pro Tag, 32 Tage	-	3 Tage nach Behandlung begann die Wunde zu heilen; 2 weitere Tage später war die Wunde geheilt.
3x100 mg/ pro Tag, 147 Tage	Urea 9,5 -> 7,5; AST 40 -> 27; ALT 54 -> 36; L 3,1 -> 12	7 Tage nach Therapiebeginn: Knoten wurde weicher und kleiner (75%). 14 Tage später keine Hypertrophieanzeichen.
4 x 400 mg/Tag 35 Tage	AST 35-> 16 Bilirubin 8,5 -> 2,8	7 Tage a.t. allg. Verbesserung; 7 Tage später kein nachweisbarer Tumor (Röntgen)

Tabelle 5:
Die Wirkung der MZ-Behandlung auf das Wachstum von spontanen Tumoren bei Hunden [Pavelic et al. 2001, Molecular Medicine 78, S. 708-720]

Abkürzungen:
-> = Werte vor und nach der MZ-Behandlung,
a. t. = nach Behandlungsbeginn,
HMT = Hämatokrit,
ATL = Alaninaminotransferase,
AST = Aspartataminotransferase,
ALP = Alkalinphosphatase,
GGT= y-Glutamyltransferase,
L = Anzahl der Leukozyten

Naturzeolith und Montmorillonit – eine Chance für die Nutztierhaltung

Antibiotikaresistenz in der Massentierhaltung und die Folgen

Die Massentierhaltung ist übelste gewaltsame Entfernung der Nutztiere von der Natur. Die wohl widerwärtigste Beziehung zwischen Mensch und Tier wird in der Nutztierhaltung praktiziert. Diesen Tieren wird völlig die Natur entzogen:

- Immobilisationsstress statt freier Auslauf und Bewegung
- fehlende Erdberührung, dadurch fehlende Selbstmedikation mit Tonmineralienverzehr durch selektive Geophagie
- nicht artgerechte Nahrung statt Weidegras
- statt freier Selbstmedikation massenweise Verabreichung von Antibiotika; die Folge davon: antibiotikaresistente Keime entwickeln sich. Krankheiten von Mensch und Tier sind nicht mehr behandelbar und können tödlich ausgehen.
- die Menschen erhalten völlig minderwertige Nutzierprodukte, z. B. Fleisch, Eier, Milch

Naturferne Massentierhaltung und Antibiotikamissbrauch

Unqualifizierte massenhafte Anwendung von Antibiotika in der Massentierhaltung ist noch eine Steigerung der übelsten Entfernung der Nutztiere von der Natur. Die unqualifizierte Verabreichung der Antibiotika in der Massentierhaltung, die nicht immer nur zur Bekämpfung und Verhinderung von Krankheiten eingesetzt werden, sondern auch zur Wachstumsbeschleunigung, führen Menschen und Tiere einer Gesundheitskatastrophe entgegen. Warum? Der unsachgemäße Einsatz der Antibiotika hat dazu geführt, dass sich weltweit multiresistente Krankheitserreger entwickelten. Die Folge ist eine häufig tödlich ausgehende Erkrankung durch MRSA-Keime.

MRSA ist die Abkürzung für Methicillinresistenter Staphylococcus Aureus. Gegen MRSA wirkt kein Antibiotikum mehr. Es ist ein antibiotikaresistentes Bakterium (resistent = widerstandsfähig). Das Staphylococcus-Aureus-Bakterium ist aber ein sehr gefährlicher Krankheitserreger, der schnell

Untersuchungen ergaben, dass diese Tiere in der Brunstzeit besonders große Mengen Zeolith zu sich nehmen. Demnach sollen ein Bär und eine Bärin, bevor sie sich zur Zeugung von Nachwuchs entschließen, mehrere Kilogramm Zeolith zu sich nehmen, um „bärenstarken" Nachwuchs zu haben. Auch während der Trächtigkeit und Laktation nehmen die weiblichen Tiere große Mengen Zeolith, der sich als verwittertes Gesteinspulver in den Zeolithgebirgen reichlich findet, zu sich.

Es erhebt sich die Frage, warum wird in der industriellen Massentierhaltung die Zoopharmakognosie mittels Geophagie nicht berücksichtigt? Die Anwendung der Silikate Naturzeolith und Montmorillonit ist einfach, nutzbringend und unschädlich. Außerdem sind sie wirksamer und kostengünstiger als Antibiotika.

Die Anwendung von Klinoptilolith-Zeolith und Montmorillonit – eine Alternative zu Antibiotikamissbrauch

Sind frei in der Natur lebende Tiere kluger als die Menschen? Die Bewohner des Altai-Gebirges im fernen Osten Russlands beobachteten, dass alle Arten des Gebirgswilds an bestimmten Gesteinen sich in Rudeln trafen und die Gesteine beleckten oder das verwitterte Pulver zu sich nahmen. Man glaubte zunächst, dass dies Salzgesteine (NaCl) wären, weil bekannt ist, dass Tiere sich von diesen ihren Mineralhaushalt decken können. Eine Untersuchung dieser Orte ergab aber, dass es sich um Klinoptilolith-Zeolith-Gestein handelte und keine Spur von NaCl-Salzen vorhanden war. Es wurde des Weiteren beobachtet und später wissenschaftlich untersucht und dabei festgestellt, dass die Tiere dieses siliziumreiche Zeolithgestein knabbern, um den Mineralhaushalt für das Überleben im sibirischen Winter zu gewährleisten. Auch während der Trächtigkeit und Laktation nehmen diese Tiere große Mengen Zeolith zu sich. Diese Geophagie wurde bei Wildtieren und bei im Freien lebenden Haustieren (Kühe, Schafe, Ziegen, Vögel, Hühner, Gänse, Enten) beobachtet. Die am Boden von Gewässern vorkommende Gesteinsmilch wird von den Tieren mit den Pfoten aufgerührt, damit im Wasser eine gute Mischung entsteht, und dann getrunken.

Kluge Pferde und Esel

Diese Verhaltensweise konnte ich persönlich beobachten, als in der Westtürkei im Sommer ein roter, tonhaltiger Boden bewässert wurde. Auf diesem Acker befanden sich drei Pferde und zwei Esel. Als das klare Wasser in den dazu hergerichteten Rinnen floss, tranken die Tiere nicht das klare Wasser, sondern verrührten es mit einem Vorderbein zu einer „Suspension", d. h. einer suppigen Flüssigkeit. Erst danach tranken die Tiere dieses „Wasser".

Alle von den Tieren instinktiv aufgenommenen Tonmineralien bzw. Tonmilch wiesen Ionenaustausch- und Sorptionseigenschaften auf. Neben den Silikaten und dem kolloidalen Silizium enthielten sie alkalische (Na, K) und erdalkalische Elemente (Mg, Ca, Ba) sowie verschiedene Spurenelemente.

Es konnte nachgewiesen werden, dass Montmorillonit, ein Schichttonmineral, selektiv verschiedene Bakterienpopulationen beeinflussen kann. pH-Wert und Nährstoffverfügbarkeit der Bakterien spielen dabei eine Rolle [Schwarz et al. 1989]. Haydel et al. [2008] konnten mit In-vitro-Untersuchungen nachweisen, dass mit Tonmineralien (Montmorillonit) ein breites Spektrum von antibiotikaresistenten Bakterien unschädlich gemacht werden konnte. Diese spezifische, antibakterielle Wirkung der siliziumhaltigen Tonmineralien ist beachtenswert. Naturzeolith und Montmorillonit haben keine toxischen und unerwünschten Nebenwirkungen. Außerdem sind sie umweltfreundlich. **Folglich ist die Anwendung dieser Silikate in der Nutz- und Haustierhaltung dringend geboten**.

Schweine lieben Naturzeolith

Folgende Geschichte, die sich vor etwa 40 Jahren zugetragen hat, erzählte mir der Zeolithspezialist Tihomir Lelas aus Zagreb (Kroatien). Lelas ist bekannt für die Entwicklung eines speziellen Mikronisierungsverfahrens des Zeolithgesteins. Er nennt es Tribomechanisches Aktivierungsverfahren für Zeolith. Der Naturzeolith, der mit diesem Verfahren bearbeitet wurde, wird mit dem Abkürzel TMAZ bezeichnet.

Nun zu seiner Geschichte. Es war vor etwa 40 Jahren. Tihomir Lelas wurde von einem Besitzer einer Schweinemästerei gebeten, Naturzeolith zur Beseitigung der Geruchsbelästigung zu liefern. Als er den Zeolith vom Wagen herunterschüttete, stürzten sich die Schweine darauf und fraßen diesen mit großem Vergnügen. Bald danach stellte der Schweinemäster fest, dass sich der Gesundheitszustand der Schweine zusehends verbesserte. Die Ferkelsterblichkeit reduzierte sich nahe Null. Die Tiere, die früher sehr aggressiv zueinander waren und sich die Schwänze gegenseitig abbissen, wurden ruhig und taten das nicht mehr.

Auch die Gewichtszunahme beschleunigte sich und natürlich beklagte sich niemand in der Umgebung mehr über die Geruchsbelästigung, was für den Mästereibesitzer weniger Stress bedeutete. Lelas wurde von nun ab ständiger Zeolithlieferant für die Schweinemästerei. Er kam aber dabei auf den Gedanken: „Was für die Schweine gut ist, müsste auch gut für den Menschen sein“ und entwickelte den TMAZ für den Menschen.

Lahmes Rennpferd wurde mit Naturzeolith wieder fit

Als ich begann, die gesundheitsfördernde Wirkung von Naturzeolith am Menschen zu untersuchen und anzuwenden, traf ich zufällig mit einer Dame zusammen, die ein Rennpferdgestüt betrieb. Sie berichtete mir klagend, dass ein gutes Rennpferd seit einigen Wochen Gelenksteife an allen vier Beinen habe und nicht mehr stehen könne. Ich empfahl ihr, dem Pferd 5 % der Futtermasse Zeolithpulver als Getränk (Suspension) täglich zu verabreichen. Nach zwei Monaten rief sie mich an und sagte: „Mein Rennpferd steht wieder". Ich riet ihr, weiterzumachen mit Zeolith wie gehabt. Nach weiteren zwei Monaten rief sie mich erneut mit begeisternder Stimme an und sagte: „Mein Rennpferd läuft wieder so wie früher" und stellte mir die Frage „Wo gibt es diesen Zeolith für den Menschen?" Denn was für das Pferd gut ist, muss auch für den Menschen gut sein. Ab dieser Zeit wurde in diesem Rennpferdgestüt obligatorisch Naturzeolith in Form von Getränken als Beifutter gegeben.

Der gewalttätige Entzug normaler Tierbedürfnisse in der Massenhaltung muss ein Ende haben

Leider sind die Besitzer der Massentierhaltung nicht so klug wie der kroatische Schweinemästereibesitzer, wie die deutsche Besitzerin eines Pferdegestüts und wie die Bären, Schweine, Esel und Pferde selbst. Sie verwehren den Nutztieren (Rinder, Schweine, Schafe, Ziegen, Geflügel) die natürliche Selbstmedikation durch Geophagie. Die Folge sind kranke Tiere. Diese werden mit Massen von Antibiotika „verseucht" und nicht etwa nur behandelt, wie mir Veterinärmediziner berichteten. Die Folge davon sind antibiotikaresistente Krankheitserreger.

Diese gewalttätige Verhinderung normaler Bedürfnisse der Tiere der Massentierhaltung, den Entzug der normalen Geophagie als Mittel einer Selbstmedikation (Pharmakognosie) betrachte ich als bewusste Tierquälerei, die bestraft werden müsste. Sie muss so schnell wie möglich beendet werden. **Mit Naturzeolith und Montmorillonit kann die Antibiotika-Ära abrupt beendet werden.** Praktische Erfahrungen liegen bereits seit über 50 Jahren vor und wissenschaftliche Belege gibt es in Vielzahl, wie ich noch zeigen werde.

Auch den Agrarministern empfehle ich ein Neudenken und diesbezüglich konsequente Entscheidungen zum Schutz der Gesundheit von Menschen und Tieren.

Anwendung von Naturzeolith hat Tradition

Zu Beginn der zweiten Hälfte des 20. Jahrhunderts war man auf der Suche nach Natursorbentien für industrielle und landwirtschaftliche Zwecke [Barrer und Makki 1964]. Damals wurden in der Sowjetunion (heute Russland und GUS-Staaten), in den USA, in Japan und anderen Ländern große Vorkommen an Naturzeolithen entdeckt [Butusova 1965; Mason und Sand 1960 u. a.]. Besonders große Vorkommen fand man in Sibirien [Čhelishev et al. 1988; Gorokhov et al. 1982].

In der Landwirtschaft fand Natur-Klinoptilolith-Zeolith sehr bald breite Anwendungen:

- Geflügelzucht, Viehzucht, zur Verbesserung des Gesundheitszustands der Tiere durch die biostimulierende Wirkung
- Reinigen von Abwässern
- Verbesserung der Luftverhältnisse in den Ställen und zur Beseitigung von Geruchsbelästigungen
- hygienische Unterlage für das Groß- und Kleinvieh
- Bekämpfung von Erkrankungen, besonders die des Verdauungs- und Atmungstrakts bei Nutztieren
- Verminderung der Ferkel- und Kälbersterblichkeit
- Erreichung ökologisch reiner Tierprodukte
- zum Düngen von Böden (Ionenaustausch, Adsorption)
- Erhöhung der Bodenfruchtbarkeit in Dürregebieten
- Adsorption von Übermengen an Schadstoffen aus den Böden (z. B. As, Cd, Pb, Zn, Cu)
- Verbesserung der Fischzucht und Pelztierzucht
- Gewährleistung von sauberem Trinkwasser und Entsorgung der Abwässer einschließlich der Geruchsbelästigung

[Übersicht Yakimov 1998 u. a.].

Literaturübersichten zeigen, dass heute weltweit Zeolith in der Landwirtschaft angewendet und schon seit mehr als 50 Jahren dem Mineralstoffwechsel der Tiere, einschließlich der des Zeoliths, von einschlägigen Wissenschaftlern große Aufmerksamkeit geschenkt wird [Račikov 1999; Yakimov 1998; Anke und Szentmihalyi 1986; Pond und Chen 1984; Waldroup et al. 1984; England und George 1979; Kondo und Wagai 1968].

Die Verfütterung von Zeolith wird unter folgenden praktischen Aspekten vorgenommen:

- Erhöhung der Qualität und Quantität der Produktion bzw. der Produkte
- Verhinderung von Krankheiten, besonders Infektions- und Stoffwechselerkrankungen
- Senkung der Kosten für Medikamente, die wegen der Beifütterung von Zeolith nicht benötigt werden; ca. 40 % Ersparnis
- Regulierung der Mineralhomöostase
- Bessere Verwertung von Kalzium- und Eiweißfutter
- Befreiung der Tiere von ökologischen Belastungen, die häufig durch das Grünfutter gegeben sind; Zeolith vermag Schwermetalle und Radionuklide aus dem Körper zu entfernen
- Verminderung bzw. Verhinderung der Jungtiersterblichkeit
- Verbesserung des Stoffwechsels der Tiere, indem z. B. bei Wiederkäuern im Pansen durch das Futter bedingte Ammoniumkonzentrationen, Schwefelwasserstoff, Mercaptan, flüchtige Amine und andere Stoffe sofort neutralisiert werden; dadurch Verbesserung der Darm-Mikroflora

- Bei Pelztieren wird die Fellqualität erhöht [Bogoljubova 2001; Yakimov 1998]

Der Gabe von Zeolith als Beifutter liegen die wissenschaftlich bewiesenen Eigenschaften des Zeoliths zugrunde:

- Ionenaustauscher
- Adsorbens
- Radikalfänger
- Immunmodulator
- Antitoxikum
- Stimulator des Eiweißmetabolismus und des Wachstums

[Waldroup et al. 1984 u. a.].

Warum wenden Betreiber von Massentierhaltungen, aber auch Biobauern keinen Naturzeolith bei ihren Tieren an? Manche behaupten, es gäbe keine Studien. Die gibt es aber, wie wir nachfolgend darstellen werden und zwar schon seit Langem und in ausreichendem Maße.

Studien über Naturzeolith und Montmorillonit in der Nutztierhaltung

Die zur natürlichen Lebenserhaltung der im Freien lebenden Wild- und Nutztiere gehörende Selbstmedikation (Zoopharmakognosie) [Costa-Neto 2012] durch Geophagie wird den Tieren der industriellen Haltung völlig entzogen. Sie müssen die Aufnahme von Erden, vor allem die Siliziumdioxid enthaltenden Tonmineralien entbehren. Infolgedessen erfolgt eine erhebliche Reduzierung ihres Gesundheitszustands, den man vergebens versucht mit hohen Dosierungen von Antibiotika herzustellen. Für den Verbraucher bedeutet das minderwertige Produkte, denen wichtige Nährstoffe fehlen. Gleichzeitig besteht die Gefahr, mit biotikaresistenten Erregern befallen zu werden.

An nachfolgenden Beispielen von Studienergebnissen über die Anwendung von Naturzeolith und/oder Montmorillonit/Bentonit bei verschiedenen Nutztierarten wird bewiesen, dass die genannten Silikate in der industriellen Tierhaltung deren Gesundheitszustand und Leistungsfähigkeit fördern könnten. **Inzwischen liegen so erdrückend viele Studienergebnisse vor, die jeden Nutztierhalter veranlassen müssten, Naturzeolith und Montmorillonit einzusetzen und auf Antibiotika zu verzichten.**

Es ist aber erstaunlich und auch unverständlich, dass noch kein Agrarminister oder EU-Experte sich für die Effektivität dieser Silikate in der Tierhaltung interessiert hat. Ich trage die Hoffnung, dass dieses Buch dazu Anregung geben wird.

Aus der Fülle der vorliegenden Studien zur effektiven Applikation der beiden Silikate in der Nutztierhaltung werden nachfolgend einige, zufällig herausgegriffene wissenschaftliche Studienergebnisse als Beispiele kurz beschrieben. Diese Beispiele beziehen sich auf Schweine, Rinder, Schafe und Geflügel.

Die Ergebnisaussagen der angeführten Beispiele fußen auf sogenannten harten Daten (Laborbefunde, Blut- und Gewebeanalysen, Strukturmessungen und Gewichtskontrollen) sowie auf Verhaltensbeobachtungen. Es handelt sich um Langzeitanwendungen der Silikate, die sich über Wochen bis Monate erstrecken. In allen angeführten Untersuchungen lief parallel mindestens eine Kontrollgruppe, häufig waren es zwei bis drei.

Die Dosierungen der Silikate sind unterschiedlich. Sie erstrecken sich von 0,1 % bis 3 % Anteil am Gesamtfutter. Teilweise wurden Dosierungsvergleiche in einer Untersuchung angestellt. Die pulverisierten Silikate wurden entweder dem angefeuchteten Futter beigemischt oder als Getränk verabreicht.

Zuchtsauen

Zuchtsauen, denen langzeitig eines der beiden Silikate appliziert worden ist, zeigten gegenüber den Kontrollen

- einen verbesserten Gesundheitszustand
- größere Ferkelwürfe, geringere Ferkelsterblichkeit, bessere Knochenstrukturen, geringere (oder keine) Aggressivität anderen Tieren gegenüber sowie normale Mineral-, Vitamin- und immunologische Parameterdaten [Kyriakis et al. 2002; Papaioanon et al. 2002; Ma et al. 1984; Cheshmedzie et al. 1985].

Im Blut und Körpergewebe dieser Tiere wurden die Konzentrationen der Vitamine A und E, der Mineralien Kalium, Natrium,

Abbildung 19: Unnatürlicher, artentfremdeter Schweinezucht-Betrieb

Phosphor, Kalcium, Magnesium, Kupfer und Zink sowie von immunologischen Parametern bestimmt. Des Weiteren erfolgte laufende Gewichtskontrolle der Sauen und dann auch der Ferkel. Die Zahl der Ferkel pro Wurf war gegenüber den Kontrollen um 3-5 erhöht [Kyriakis et al. 2002].

Mastschweine

Nach täglicher Applikation von Naturzeolith oder Bentonit wurde gegenüber den Kontrollen ein verbesserter Gesundheitszustand, verminderte Aggressivität, beschleunigtes Wachstum (Gewichtszunahme), verbesserte Mineralienkonzentration im Blut und Gewebe, hochwertige Eiweißzusammensetzung und damit eine höhere Qualität des Fleisches festgestellt [Coffey et al. 1989; Shurson et al. 1989; Ward et al. 1991; Pond et al. 1988].

Bei diesen Tieren erfolgte eine kontinuierliche Gewichtskontrolle bis zum Tag der Schlachtreife. Der Gesundheitszustand der Tiere wurde an verschiedenen Gewebe- und Blutparametern (Mineralien, Vitamine u. a.) sowie am Verhalten der Tiere nachgewiesen.

Pond et al. [1983] berichten, dass sie mittels Naturzeolithapplikationen die durch Kadmium (aus der Umwelt) induzierte Anämie der Tiere beseitigen und infolgedessen einen besseren Gesundheitszustand der Tiere mit einer schnelleren Gewichtszunahme gegenüber den Kontrollen nachweisen konnten.

Lindemann et al. [1993] sowie Thieu et al. [2009] stellten bei Mastschweinen und Aufzuchtferkeln nach täglicher Applikation von Naturzeolith oder Bentonit ein verbessertes Wachstum (Gewichtszunahme) nach Beseitigung der Aflatoxine bei den Tieren, an analogen Parametern, wie zuvor beschrieben, fest.

Rinder

Die Studien, die im Bereich der Rinderhaltung und Rinderzucht die Wirkung der Langzeitanwendung von Naturzeolith und Montmorillonit/Bentonit reflektieren, beziehen sich auf die

- Milchproduktion
- Aufzucht von Kälbern
- Rindermast und
- Therapie von Erkrankungen

Aus der Fülle der vorliegenden Studien wurden einige wissenschaftliche Arbeiten nach dem Zufallsprinzip herausgegriffen, um sie im engen Rahmen dieses Buchs als Beispiele kurz zu beschreiben.

Naturzeolith oder Montmorillonit/Bentonit werden größtenteils in Dosen von 1,25-2,5 % Anteil der gesamten Futtermenge appliziert. In manchen Fällen wurden in einer Studie höhere Dosen verwendet. Gewöhnlich hatte die höhere Dosierung bessere Effekte.

Die pulverisierten Silikate wurden dem feuchten Futter beigemischt oder als Getränk in Form einer Suspension verabreicht.

Milchproduktion

Die Langzeitanwendung der Silikate bewirkte im Vergleich zu den Kontrollen (ohne Silikate) eine

- Erhöhung der Milchproduktion (Menge)
- Verbesserung der Qualität der Milch (Proteingehalt, Fettgehalt, Mineralgehalt)
- starke Reduzierung von Erkrankungen, vor allem solche des Verdauungssystems

[Dschaak et al. 2010; Homken et al. 1984; Bosi et al. 2002; Garcia Lopez et al. 1992; Roussel et al. 1992; Lopez et al. 1992; Lemerle et al. 1984; Rindsig et al. 1969].

Zur Verifizierung dieser Effekte wurden chemische Analysen der Milch, Mengenmessungen und Laktationsdauer bestimmt. Zur Charakterisierung des Gesundheitszustand der Milchkühe wurden klinische Laboruntersuchungen des Bluts und Gewebes, Temperaturmessungen und Kontrollen des Körpergewichts, Erkrankungshäufigkeit und Verhaltensbeobachtungen verwendet.

Kälberaufzucht

Nach Applikation der Silikate zeigten die Kälber gegenüber den Kontrollen eine schnellere Zunahme des Körpergewichts, eine geringere Erkrankungshäufigkeit und ein früheres Beenden der Saugperiode [Mohini et al. 1999; Losada et al. 1976].

Masttiere (Bullen)

Nach täglicher Applikation der Silikate zeigte sich gegenüber den Kontrollen ein verbesserter Gesundheitszustand, besserer Mineralstatus, eine schnellere Gewichtszunahme und hochwertigere Eiweißzusammensetzung des Fleisches [Berthiaume et al. 2007; Eng et al. 2006; Sherwood et al. 2006].

Naturzeolith und Bentonit/Montmorillonit in der Rinderhaltung

Die beiden Silikate wurden sowohl in der Prävention als auch in der Therapie von Rindern verwendet. Dazu sollen einige Beispiele angeführt werden:

- Prävention und Therapie bei der Therapie der Diarrhö bei Kälbern [Vrzgula und Kuhm 1986; Karatzia et al. 2010]
- Therapie von Ketosen der Milchkühe [Katsonlos et al. 2006a]
- Therapie von Geburtsparesen der Kühe [Katsoulos et al. 2006b]
- Mineralstatus zur Kontrolle des Gesundheitszustands [Katsoulos et al. 2005; Račikov 1999]
- zur Förderung der Antikörperbildung [Karatzia 2010]

Schafe

Es liegen einige Studien, vor allem aus Australien, vor, welche die Effektivität der Anwendung von Naturzeolith [Pond et al. 1984, 1989] und von Bentonit [Fenn und Leng 1989; Round 2000; Murray et al. 1990; Walz et al. 1998] in der Schafhaltung belegen. In diesen Arbeiten wird über die Verbesserung des Wachstums (ausgewiesen an den Lebendgewichten) und über die Erhöhung der Wollproduktion berichtet.

Geflügel/Hühner

Der größte Teil der uns vorliegenden Studien zum Einfluss von Naturzeolith und Bentonit sowie anderen Tonmineralien wird den Hühnern gewidmet und zwar mit den Schwerpunkten Legeleistung/Eierqualität [Ali et al. 1994; Ambula et al. 2003; Bhatti und Sahota 1998; Olver 1989; Vogt 1992] und Aufzucht von Masthähnchen (Broiler) [Harvey et al. 1993; Cabanero et al. 2005; Prvulovic et al. 2008; Shi et al. 2005; Lon-Wo et al. 1991; Manafi et al. 2009; Miazzo et al. 2005; Nikolakakis et al. 2013; Bailey et al. 2006].

Aus dieser großen Anzahl von Studien geht hervor, dass mittels Applikation beider Silikate die Legeleistung der Hennen gegenüber den Kontrollen gesteigert wird und dass deren Eier eine höhere Qualität aufweisen als die Kontrolltiere. Mit der Silikatapplikation an den Hennen wurden auch Schwermetalle und Aflatoxine adsorbiert (beseitigt).

Die Tiere der Masthähnchenzucht, die Naturzeolith und Bentonit oder andere Tonmineralien erhielten, zeigten gegenüber den Kontrollen (ohne Silikat) einen geringeren Verlust durch Sterblichkeit, schnelleres Wachstum (Gewichtszunahme), bessere Knochenbildung und eine bessere Eiweißbildungsqualität.

Diese Ergebnisse stimmen mit denen der US-Silizium-Forscherin Edith Muriel Carlisle [1986] überein, die aufgrund ihrer Forschungsergebnisse postulierte: „Ohne Silizium ist kein Wachstum möglich" und nachwies, dass SiO_2 in Eiweißsynthese einbezogen wird.

Abbildung 20 von Edith Muriel Carlisle zeigt das Ergebnis ihrer Untersuchungen. Ohne Silizium kein Wachstum. Ohne Silizium keine Zufuhr von Kalzium in den Knochen.

Abbildung 20: Vier Wochen alte Küken. Links mit einer durch Silizium ergänzten Kost gefüttert. Rechts: Kost mit geringem Siliziumanteil [Carlisle 1972]

Während den großen Nutztieren die Silikate mehr in Pulverform verabreicht wurden, erhielten die Hühner vorwiegend Körner dieser Silikate mit einem durchschnittlichen Durchmesser von 4 mm. Damit wird der natürlichen Pickfunktion der Hühner entsprochen. Auch in den Masthähnchenaufzucht-Studien wird über die Neutralisierung (Beseitigung) von Schwermetallen und Aflatoxinen berichtet.

Ein von mir vorgenommener Vergleich mit der Frage, ob Zeolith oder Montmorillonit besser wirkt, ergab keine wesentlichen Unterschiede. In einigen Arbeiten zeigen sich Dosisabhängigkeiten bei beiden Silikaten, die darin bestehen, dass niedrige Dosen geringe Wirkungen zeigten. Unerwünschte

Nebenwirkungen und Unverträglichkeiten nach der Applikation beider Silikate wurden nicht beobachtet.

Aflatoxine weichen vor Naturzeolith und Bentonit

Aflatoxine sind Pilzgifte (Mykotoxine). Sie wurden erstmals im Schimmelpilz nachgewiesen. Dieser hat die wissenschaftliche Bezeichnung Aspergillus flavus. Aus dieser Bezeichnung wurde die Abkürzung A-fla gebildet. Aflatoxine (Mykotoxine) kommen in verschiedenen Pilzarten vor.

In den letzten Jahren wurden Aflatoxine in Futtermitteln, Getreide, Mais, Heu und Stroh nachgewiesen. Öffentlich wurde 2013 ein Aflatoxinskandal: Serbischer Mais war aflatoxinbelastet [Pressemitteilung 2013].

Aflatoxine haben hepatoxische (leververgiftende) Wirkungen und verursachen eine Leberdystrophie (Leberschrumpfung). Dieser Toxineffekt kann schon bei Zufuhr von geringen Dosen auftreten. Auch karzinogene Wirkungen wurden bei den Aflatoxinen festgestellt. Vor allem aber wird das Immunsystem von Aflatoxinen geschwächt.

Schimmelpilze können sich sehr schnell vermehren.

Nutztiere leiden bei aflatoxinbelasteter Futterzufuhr: Reduktion der erreichten Körpergewichtszunahme, reduzierter Knochenaufbau, Durchfall sowie Leber- und Nierenschäden. Diese Erscheinungen können bei allen Nutztieren, z. B. bei Schweinen, Rindern, Schafen und Geflügel, auftreten.

In der Tierhaltung ist diese Gefahr schon seit Langem bekannt. Deswegen wurde Bentonit [Maignan et al. 1971; Salmon 1985; Tavernera et al. 1984] oder Naturzeolith [Philips et al. 1988; Thompson und Newton 1994] schon vor mehr als 35 Jahren zur Prävention und Therapie gegen Aflatoxine eingesetzt.

In zahlreichen Studien wurde nachgewiesen, dass Aluminiumsilikate, vor allem Bentonit/Montmorillonit, die Aflatoxine adsorbieren (unschädlich machen) können. Das zeigen folgende Beispielstudien:

- bei Kühen in der Milchproduktion: Thompson et al. 1994; Veldman 1992
- bei Schweinen: Shi et al. 2005, 2007; Schell et al. 1993
- in der Hühneraufzucht: Santurio et al. 1999; Southern et al. 1994; Srebocan et al. 1988; Pasha et al. 2006; Eraslan et al. 2005; Chaturvedi 2004

Diese zahlreichen Studien sind ein Grund, den Aflatoxinen in der Fleisch- und Milchproduktion mehr Aufmerksamkeit zu schenken.

Naturzeolith und die Folgen von Tschernobyl

Radioprotektive Wirkung von Naturzeolith und Montmorillonit/Bentonit

Spätestens seit der Reaktorkatastrophe von Tschernobyl 1986 ist bekannt, dass die beiden Silikate Naturzeolith und Montmorillonit Radionuklide binden können. In Tschernobyl wurden zirka 500.000 Tonnen Naturzeolith zur Schadenbegrenzung eingesetzt [Malsy und Döblin 2004; Armbruster 2001]. Vielen ist das Ereignis heute nicht bekannt oder es wurde vergessen.

Leider sind die Folgen dieser Katastrophe noch immer gegenwärtig. Die Radionuklidwolke hatte damals auch vor allem Süddeutschland und Mitteldeutschland erreicht und Wälder und Felder verseucht. Wildschweine mit radioaktivem Cäsium von Tschernobyl laufen 30 Jahre nach der Katastrophe in Bayerns und Thüringens Wäldern herum. Zwei Pressemitteilungen aus dem Jahr 2014 haben manche Bürger aufgeschreckt.

„Viele Wildschweine in Thüringens Wäldern sind mit radioaktivem Cäsium belastet – eine Spätfolge des Reaktorunfalls in Tschernobyl vor 28 Jahren. Wer Wild liebt, sollte also nicht unbedingt auf Wildschwein zurückgreifen – die Tiere sind besonders stark belastet.

28 Jahre nach dem Atomunfall von Tschernobyl sind in Thüringen etliche Wildschweine noch immer so sehr verstrahlt, dass ihr Fleisch nicht verkauft werden darf. Voriges Jahr wurden laut Gesundheitsministerium 586 erlegte Tiere untersucht und bei fast jedem zehnten der Grenzwert von 600 Becquerel pro Kilogramm überschritten. Ein Ende des Problems sei nicht abzusehen, da sich die Cäsium-Belastung nur alle 30 Jahre halbiere, sagte die Leiterin des Referats für Lebensmittelüberwachung, Karin Schindler, der Nachrichtenagentur dpa.

„...Untersucht werden aber nicht alle geschossenen Wildschweine. Vielmehr gibt es ein abgestuftes System mit Schwerpunktgebieten, in denen alle Tiere getestet werden müssen, Jagdbezirken, in denen nur Stichproben von jedem fünften Tier untersucht werden und den übrigen Landesteilen mit noch kleineren Stichproben, erläuterte Schindler." [dpa/Patrick Pleul: „Achtung, radioaktives Wildschwein! In Thüringen sind viele der Tiere radioaktiv belastet". [Gesundheit, Focus Online, Nachrichten, 16.08.2014]

Radioaktives Cäsium von Tschernobyl in den Wäldern Bayerns

Am 20.11.2014 veröffentlichte das Umweltinstitut München e. V. (Newsletter) erschreckende Daten über gemessene radionuklidkontaminierte Waldfrüchte und Wildschweine in Bayern. Die Ergebnisse sind in Landkarten von Bayern übersichtlich dargestellt. Nachgewiesen wurde radioaktives Cäsium[137], das mit sehr hoher Wahrscheinkeit dem Super-GAU des Reaktors des AKW Tschernobyl aus dem Jahr 1986 entstammt. Man kann davon ausgehen, dass Menschen, die diese Waldfrüchte und/oder Wildschweinbraten verspeisen, sich der Gefahr niedrig dosierter radioaktiver Schäden (stochastische radioaktive Effekte) aussetzen. Das heißt, die Folgen geringer Mengen mit der Nahrung aufgenommenen Cäsiums könnten sich erst nach Jahren oder Jahrzehnten in Form von Krebserkrankungen zeigen [Pflugbeil et al. 2011].

Diese Daten wurden von engagierten Bürgern zusammengestellt Dabei handelt es sich um eigene Messungen dieser Bürger oder um von bayrischen Jägern gemessene Daten, die diese der Bürgerinitiative zur Verfügung gestellt haben.

Es ist lobenswert, dass beherzte Bürger und Jäger die schlimmen Folgen der Tschernobylkatastrophe (wenn auch noch nicht flächendeckend) überzeugend darstellen. Eigentlich hätten derartige Messungen von staatlichen Umweltbehörden durchgeführt werden müssen. Wie das Münchener Umweltinstitut mitteilte, hat das bayrische Umweltministerium es abgelehnt, diese Daten zu veröffentlichen.

Wildschweine und Waldbeeren radioaktiv verseucht

Anlässlich des 30. Jahrestages der Reaktorexplosion in Tschernobyl am 26.04.2016 erschien in der Süddeutschen Zeitung ein Artikel mit der Überschrift „Strahlende Wildschweine“ von Peter Bierl, Fürstenfeldbruck. Daraus führe ich folgendes Zitat an:

„Drei Jahrzehnte nach dem GAU von Tschernobyl gibt es immer noch Essen, das nicht auf den Tisch kommen sollte. Im Landkreis sind ein Teil der Wildschweine, bestimmte Pilze wie Maronen sowie Preisel- und Heidelbeeren immer noch radioaktiv hoch belastet. Manches Schwarzwild und manches Schwammerl weisen bis zu 2.000 Becquerel pro Kilo auf, berichten Kreisjagdberater Rainer Grüter und Christine Hacker vom Umweltinstitut München.

Im Landkreis werden jedes Jahr um die 500 Schwarzkittel erlegt. Die meisten Sauen trifft es in den Wäldern um Moorenweis, Zankenhausen und Grafrath, deutlich weniger im Norden bei Egenhofen. Jedes Stück Fleisch wird auf Trichinen und Cäsium untersucht. Der Durchschnittswert liegt bei etwa 30 bis 50 Becquerel, berichtet der Kreisjagdberater. Ein Drittel der Tiere überschreitet jedoch den Grenzwert von 600 Becquerel. Einzelne „Ausreißer" kommen auf 1.500 bis 2.000 Becquerel. Belastetes Fleisch und Pflanzen müssen als Sondermüll entsorgt werden.

Der Grund für die hohe Belastung ist, dass Cäsium auf sauren Böden im Wald oder im Moorboden oberflächennah von Wurzeln aufgenommen werde, erklärt Christine Hacker. Tonerde und Äcker, die regelmäßig umgepflügt werden, sind weniger problematisch. Darum sind in Getreide, Obst und Gemüse nur in manchen Gegenden Spuren von erhöhter Radioaktivität nachweisbar."

„Extrem belastet sind Wildschweine, in Einzelfällen mit mehr als 10.000 Becquerel. Bei den Pilzen trifft es vor allem die Maronenröhrlinge und den Semmelstoppelpilz, der dem Pfifferling sehr ähnlich sieht. Bei solchen Schwammerln treten schon einmal Werte bis zu 2.000 Becquerel auf. Unter den Waldbeeren sind vor allem Preisel- und Heidelbeeren stark belastet, warnt Hacker. Sie rät, auf solche Produkte zu verzichten. Von einer Orientierung an den Grenzwerten hält sie nichts, denn diese seien unter wirtschaftlichen Gesichtspunkten festgelegt worden. In Japan etwa liege der Grenzwert bei 100 Becquerel, deutlich niedriger als in der EU. Aus gesundheitlichen Gründen dürften es nicht mehr als 50 Becquerel sein, weil sich das Cäsium im Körper anreichert und das Risiko einer Krebserkrankung steigt."

Dieser Artikel ist sehr aufschlussreich. Er bestätigt den modernen wissenschaftlichen Erkenntnisstand aus der Sicht der konkreten Praxis. Auch die kritische Stellungnahme zu den Grenzwerten für Cäsium ist berechtigt und deckt sich mit meiner Auffassung. Grenzwerte bedeuten in diesem Fall aus folgenden Gründen nichts.

Spätschäden: die Heimtücke der Radionuklid-Strahlung

„Nach der Empfehlung der ICRP (Internationale Strahlenschutzkommission) von 1990 und 2007 ist davon auszugehen, dass es eine lineare Dosis-Wirkung-Beziehung ohne Grenzwert (Schwellenwert) für strahleninduzierte Krebserkrankungen gibt. Damit wird gesagt, dass auch sehr schwache Dosen Radioaktivität schädlich wirken können. Folgerichtig werden somit die sogenannten Spätschäden (Synonyme: stochastische radioaktive Effekte, Langzeitfolgen von Radioaktivität) anerkannt. Folglich kann jede kleine und kleinste Strahlendosis Spätschäden verursachen. Die Spätschäden treten erst nach Jahren oder sogar Jahrzehnte nach der radioaktiven Bestrahlung in Erscheinung. Als Spätschäden werden in der Fachliteratur angeführt: Leukämie, Tumorerkrankungen, Herz-Kreislauf-Erkrankungen, Erkrankungen des Verdauungs- und Hormonsystems, Augenkatarakte (Linsentrübung = grauer Star), Wachstums- und Entwicklungsstörungen (vor allem bei Embryonen), vorzeitiges Altern, Schwächung des Immunsystems, Unfruchtbarkeit und

Fehlgeburten. Organe mit beschleunigter Zellteilung sind besonders empfindlich gegen Niedrigdosen von Radioaktivität. Dazu gehören z. B. das blutbildende System und die Embryonen.

Strontiom^{90} und Cäsium^{137} verdrängen im Knochengewebe Kalzium. Die vom Knochengewebe strahlenden Radionuklide befeuern das blutbildende System des Knochenmarks mit niedrigen Dosen Radioaktivität und verursachen mit zunehmender Dauer Leukämien. Diese treten gewöhnlich im ersten Jahrzehnt nach der „schwachen" Bestrahlung auf." [Übersicht: Hecht 2015]

Warum ist nur der Waldboden und nicht das Ackerland in Bayern mit Cäsium von Tschernobyl verseucht?

Die Antwort darauf ist ganz einfach. Die Ackerböden bestehen aus Aluminiumsilikaten und sie haben daher die gleichen Eigenschaften wie Naturzeolith und Montmorillonit. Folglich kann das radioaktive Cäsium, welches auf die Ackerböden gefallen ist, adsorbiert, also gebunden und unwirksam gemacht werden. Wenn der Acker noch gepflügt wird, wird die wirksame adsorbierende Oberfläche noch vergrößert. Diesen Vorgang beschreibt Peter Bierl in dem oben genannten Artikel mit folgenden Worten: „Tonerde und Acker, die regelmäßig umgepflügt werden, sind weniger problematisch". Bei Wiesen dürfte es nicht so unproblematisch sein. Man könnte aber sofort im Wald und auch auf Wiesen mit dem Ausstreuen von Naturzeolith und Montmorillonit die Gegend von radioaktivem Cäsium säubern. Das sollte möglichst kurz vor dem Regen erfolgen. Noch besser wäre, wenn man Naturzeolith-Suspension versprühen würde. Nach 30 Jahren ist aber diese Dekontaminierung viel schwieriger als unmittelbar nach einem solchen Ereignis, weil sich die Radionuklide mit den organischen Stoffen chemisch verbunden haben können. Deshalb sollten Naturzeolithreserven bei jedem AKW gelagert werden, um im Notfall sofort zugriffbereit zu sein.

Der Einsatz der genannten Silikate in der Nutztierhaltung bietet auf jeden Fall einen großen Schutz gegen „strahlende" Nahrungsprodukte. Das zeigen die Erfahrungen von Tschernobyl [Übersicht Hecht 2015] und u. a. die Arbeiten von Mima [1970], Vogt [1993], Unworth et al. [1989] und Ahman [1996].

Eine Anmerkung: Im Sommer 2015 warnt das russische Fernsehen vor „strahlenden Waldfrüchten". Selbst erlebte ich in Russland, wie auf Basaren Waldfrüchte mit strahlennachweisenden Geräten überprüft wurden.

Zusammenfassung und Ausblick

Ein russisches Modellprojekt, das weltweit realisiert werden sollte

Die dargelegten Studienergebnisse zeigen, dass Naturzeolith und Montmorillonit/Bentonit eine gesunde Nutztierhaltung ermöglichen und durch ihren Einsatz ökologisch reine Nutztierprodukte erzeugt werden können.

Die Erkenntnisse der Anwendung dieser Silikate in der Nutztierhaltung und die mögliche Kontaminierung der Nutztierhaltung mit umweltinduzierten Schadstoffen und Radionukliden war für die Russische Föderation Anlass, ein Pilotprojekt mit dem Titel „Schadstoff- und radionuclidfreie, mineralreiche natürliche Tierprodukte“ [Yakimov 1998] durchzuführen. An diesem Pilotprojekt beteiligten sich folgende staatliche Institute in Form von Teilpilotprojekten:

- Landwirtschaftliche Staatsakademie des Ministeriums für Landwirtschaft und Lebensmittel der Russischen Föderation, Bryansk
- Ostsibirische technologische Staatsuniversität Ulan-Ude des Bildungsministeriums der Russischen Föderation
- Wissenschaftliches allrussisches Forschungsinstitut für Physiologie, Biochemie und Ernährung des landwirtschaftlichen Viehs, Dubrowizy
- Allrussisches wissenschaftliches Forschungsinstitut für Pferdezucht, Diwowa, Ryasanskaya-Gebiet
- Moskauer Staatsakademie „K. I. Skryabin“ für Veterinärmedizin und Biotechnologien, Dubriwizi, Moskauer Gebiet
- Fernöstliche staatliche Agraruniversität, Krasnoyarsk
- Russische Akademie der landwirtschaftlichen Wissenschaften, Wissenschaftliche Produktionsvereinigung „Niwa Tatarstona“, Kasan

Uns liegen Ergebnisse der Teilprojekte aus diesen Institutionen zu diesen Themen vor:

- Veränderung des Gehalts der Spurenelemente und Ausführung der Radionuklide aus Organen und Gewebe der Rinderjungtiere bei Verfütterung von Zeolithergänzungen [Račikov 1999]
- Entwicklung der Futterergänzung auf Grundlage von Zeolithen und Bewertung ihrer immunomodulierenden Aktivität [Bildujeva 2001]

- Einfluss von Zeolith-Tuff aus dem Sikeyewer Vorkommen des Kalushskaya-Gebiet auf Verdauungsprozesse des Magen-Darm-Trakts bei Mastjungbullen [Bogoljubova 2001]
- Einfluss von Propolis, Zeolithen, Biotrin, Bifidumbakterien und deren Kompositionsformen auf Immunstatus und Produktivität der Stuten der baschkirischen Rasse [Shagivaleyev 2001]
- Effektivität der Anwendung der bilanzierenden Ergänzungen mit Zeolith und Karbamid beim Mästen des Rindjungviehs [Gamsajev 2001]
- Ökologische Aspekte der Anwendung der Naturzeolithe des Wanginer Vorkommens in der Viehzucht [Moshtshewikin 2000]
- Wissenschaftliche Begründung und Perspektiven der Anwendung der Zeolith enthaltenden Nahrungsergänzungen in der Viehzucht [Yakimov 1998]

Appell an die Behörden

Um eine reale gesunde Ernährung der Menschen zu gewährleisten, wäre es wünschenswert, dass die Agrarminister der europäischen Länder derartige Projekte initiieren und realisieren würden.

Unter den gegenwärtigen Bedingungen der industriellen Massennutztierhaltung mit Antibiotikaeinsatz und ohne Berücksichtigung der natürlichen Zoopharmakognosie mittels Geophagie fehlt die Grundlage für eine gesunde Ernährung der Menschen, wie sie seitens der WHO gewünscht wird. Dieser Mangel kann durch Fütterung von Naturzeolith und/oder Bentonit/Montmorillonit reduziert werden. In diesem Fall kann mit einer höheren Qualität der Tierprodukte gerechnet werden.

Keinesfalls aber ist die Fütterung der Tiere in der Massenhaltung mit Naturzeolith und/oder Montmorillonit/Bentonit ein Alibi für das Weiterbestehen dieser Unnatürlichkeit. Diese wäre ein erster wichtiger Schritt, bessere Produkte zu erhalten und den Antibiotikaeinsatz zu beseitigen. Ideale Produkte, die eine gesunde Ernährung gewährleisten, bietet die natürliche Tierhaltung plus Zugabe von Naturzeolith und/oder Montmorillonit/Bentonit.

Beide Silikate haben keine negativen Wirkungen. Das möchte ich ein weiteres Mal unterstreichen und belegen, um Behördenbürokratie und falschen Medienberichten entgegenzuwirken.

Wissenschaftliche Gutachten belegen die Unbedenklichkeit der beiden Silikate

Für Bentonit bestätigt ein wissenschaftliches „Gutachten der EFSA (European Food Safety Authority [2012]) über die Sicherheit der Wirksamkeit von Bentonit als technologischer Futterzusatzstoff für alle Tierarten" die Unbedenklichkeit bezüglich der Fütterung der Tiere mit Bentonit.

Für Naturzeolith bestätigt ein wissenschaftliches „Gutachten der EFSA [2013] über die Sicherheit und Effektivität des Klinoptilolith-Zeolith natürlicher Herkunft für alle Tierarten" die Unbedenklichkeit der Verfütterung. Die gleiche Sicherheitsbestätigung für Klinoptilolith-Zeolith (E568) erfolgte im Final Report für Nahrung der Expert Group for Technical Advice on Organic Production EGTOP [2011] sowie durch die „Commission Implenting Regulation" der EU vom 13.07.2013.

Zur Praxis der Beifuttergabe von Zeolithen an Tiere

Die Verfütterung von Natur-Klinoptilolith-Zeolith und Montmorillonit an Haus- und Nutztiere sollte möglichst unter Beratung eines Experten erfolgen, denn auf der Grundlage von Untersuchungsergebnissen müssen bei der Verabreichung von Zeolith an Tiere wie auch beim Menschen Besonderheiten beachtet werden. Zeolith ist zwar ein besonderer Wirkstoff ohne negative Effekte, aber kein Allheil- und Allerweltsmittel. Zeolith ist auch nicht gleich Zeolith. Es wird leider auch minderwertiger Naturzeolith angeboten, daher muss auf Qualität geachtet werden.

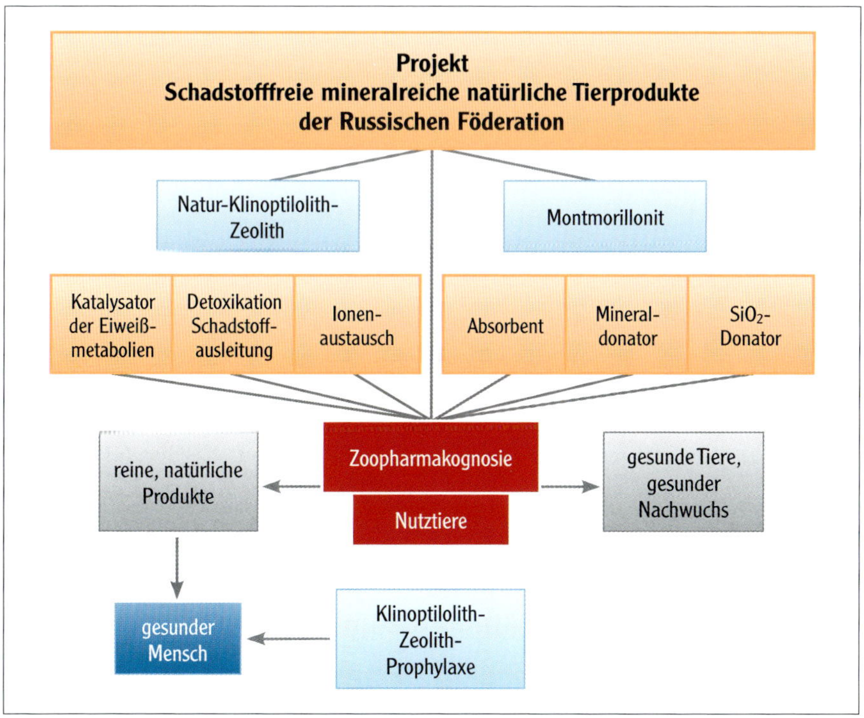

Abbildung 21: Schema des russischen Projekts schadstofffreie, mineralreiche, natürliche Tierprodukte

- Der Anteil von Klinoptilolith-Zeolith im verwendeten Gesteinsmehl muss mindestens 70 % betragen [Račikov 1999].
- Die Form der Zeolithkörner soll würfel- oder sphärenartige Konfiguration haben und keinesfalls länglich sein. Das ist beim Mahlen des Gesteins unbedingt zu beachten [Račikov 1999].
- Die Korngröße soll im Durchschnitt für Rinder, Schafe, Pferde, Schweine, Ziegen, Hunde zwischen 0,1 und 1 mm liegen. Für Vögel können die Zeolithkörner einen Durchmesser über 1-2 mm, bei Puten und Straußen besser bis 4 mm haben.
- Der zu verabreichende Zeolith soll angefeuchtet werden oder als Getränk gegeben werden (mit Ausnahme von Vögeln). Es muss verhindert werden, dass Zeolithstaub von den Tieren eingeatmet wird.
- Bei Rindern, Schweinen, Schafen usw., die der Fleischgewinnung dienen, ist unbedingt für ausreichend Eiweiß zu sorgen. Der Anteil soll mindestens 14-15 % vom Gesamtfutter (reines Eiweiß) betragen. Bei zu wenig Eiweiß hat der Zeolith nur relativ geringen Einfluss auf die Zunahme der Körpermasse. Der Zeolithanteil soll dabei 3-5 % des Gesamtfutters ausmachen [Romanov 2000; Račikov 1999].
- Weidehaltung benötigt weniger Zeolith als Stallhaltung. Faustregel: Bei Weidehaltung sollen ca. 50 % der Menge, die bei Stallhaltung verabreicht wird (gewöhnlich 3-5 % Anteil des Gesamtfutters) appliziert werden. Wenn die Tiere jahreszeitlich bedingt sowohl Weide- als auch Stallhaltung unterliegen, ist eine „Umdosierung" der Zeolithbeigabe beim Wechsel der Haltung unbedingt vorzunehmen [Račikov 1999; Bucur 1989; Vrzgula 1986].
- Im Winter bei Stallhaltung (wenn kein Grünfutter zur Verfügung steht) muss der Zeolithanteil am Gesamttrockenfutteranteil gemessen werden.
- Es wurde nachgewiesen, dass bei Kühen in diesem Fall die Milchproduktivität um 12-18 % in unveränderter Qualität ansteigen kann. Kälber von trächtigen Tieren, die in dieser Weise „behandelt" wurden, sind widerstandsfähiger als andere und können auch 8-12 Tage früher von der Muttermilch abgesetzt werden [Romanov 2000; Račikov 1999; Kusnezov 1993].
- Bei Pelztieren darf der Anteil von Zeolith am Gesamtfutteranteil nur 0,3 % betragen, um ein Fell von optimaler Qualität zu erhalten. Die Erhöhung der Zeolithration auf 1,0-1,5 % Beifutteranteil setzt die Qualität der Felle dieser Tiere herab [Račikov 1999; Balakirev und Snitko 1995].
- Chronobiologische Aspekte: Tageszeitlich abhängige Wirkungen sind zu beachten.
- Zusätzliche Mineralienapplikationen sollten unbedingt gemeinsam mit Zeolith verabreicht werden, weil dadurch die Effektivität höher ist (Tabelle 6).

Nachfolgend einige Beispiele von Effekten des Naturzeoliths in der Tierhaltung:

Tabelle 6:
Zuwachs an Körpermasse durch Zeolithbeifutter bei Färsen.

Altersperiode (Monate)	**Gruppe (Färsen)**	
	Mineralien ohne Zeolith n>30	Mineralien mit Zeolith n>30
0-6	627	676
6-12	525	519
12-18	620	731
0-18	594	649 $p>0{,}01$

An Färsen wurde von der Geburt bis zum 18. Lebensmonat Phosphor, Schwefel, Kalium und Natrium mit und ohne Zeolith verabreicht. In verschiedenen Altersperioden wurde der durchschnittliche Zuwachs an Körpermasse in g/Tier gemessen [Lyčeva 1999]. Die Zeolithgruppe hatte einen hohen Zuwachs an Körpermasse.

Tabelle 7:
Zuwachs an Körpermasse durch Zeolithbeifutter bei Jungrindern. Ergebnisse einer wissenschaftlichen Betriebsuntersuchung von Bogoljubova [2001].

Angaben	**Gruppe (Jungrinder)**	
	Mineralienzusatz ohne Zeolith n>30	Mineralienzusatz mit Zeolith n>30
Futterverbrauch für 60 Versuchstage pro Tier in kg : – Heu – Mischfutter – Zeolithgestein (gemahlen)	 1080 150 -	 1164 150 6
Lebendige Masse vor Mästung in kg	265,8 ± 20,8	267,0 ± 23,6
Lebendige Masse am Ende der Untersuchung in kg	332,5 ± 17,8	341,0 ± 20,0
Durchschnittlicher Tageszuwachs in g	1112 ± 87,5	1233 ± 136,1
Bruttozuwachs während der Versuchsperiode in kg	66,7 ± 5,2	74,0 ± 8,2
Futtereinheiten (Verbrauch) für ein kg Zuwachses	7,1	6,74

Tabelle 7 zeigt den Einfluss von Zeolith des Kaluskajer Gebiets (Russland) auf die Zunahme der Körpermasse von Jungrindern.

Beide Beispiele beweisen:

Die Zugabe von Mineralien zum Naturzeolith erweist sich folglich als vorteilhaft.

Die Angaben beziehen sich auf die in Russland größtenteils erfolgende normale (physiologische) Stallhaltung und Weidehaltung. In Russland ist Massentierhaltung bei Großtieren bisher selten.

Für die Massentierhaltung in Westeuropa müssten bezüglich der Dosierung von Zeolith und Montmorillonit Erfahrungen gesammelt werden. Es werden mit Sicherheit höhere Dosierungen benötigt.

Zusammenfassung

Die dargelegten Studienergebnisse zeigen überzeugend den Wert der Anwendung von Naturzeolith und Montmorillonit für die Gesunderhaltung der Nutztiere. Daran können auch die wenigen Studien nicht rütteln, die nicht zu diesen Ergebnissen gekommen sind.

Diesen Autoren empfehle ich, das wissenschaftlich fundierte, verantwortungsvolle und differenzierte Herangehen bei der Beifuttergabe von Natur-Klinoptilolith-Zeolith und Montmorillonit zu studieren bzw. die zahlreichen in diesem Buch angeführten Studien gründlich zu lesen.

Aus meiner Sicht dient eine flächendeckende Anwendung von Naturzeolith in der Landwirtschaft der Erhaltung und Wiederherstellung der natürlichen Natur und in der Tierhaltung als erster Schritt, auch die Massentierhaltung zu überwinden.

Teil 2

80 Fragen und Antworten zur Anwendung von Naturzeolith und Montmorillonit in der Haus-, Nutz- und Arbeitstierhaltung sowie zur Bodenverbesserung und Bodenfruchtbarkeit

1 Naturzeolith ist ein Silikat. Warum sind Silikate und Silizium für die Landwirtschaft und Tierhaltung so wichtig?

Nach dem Sauerstoff ist das Silizium (als Silikat und Siliziumdioxid vorkommend) das zweithäufigste Element unseres Planeten. Auch im Universum nimmt es eine vorrangige Stellung ein. Nach den Elementen H, He, O, Ne, N, C steht Si an siebter Stelle vor Mg, Fe, S, Ar und Al. Die Gesteine des Monds, die mit der Rückkehrsonde Luna 16 sowie mit den Raumschiffen Apollo 11 und 12 zur Erde gebracht worden sind, enthalten 41 Gewichtsprozent SiO_2 [Voronkov et al. 1975].

Die Erdkruste soll zu 75 % aus Silikaten und zu 12 % aus Kieselsäure (SiO_2) bestehen [Rösler 1991]. Insgesamt sind 800 verschiedene Siliziumverbindungen gefunden worden. Zu den Kieselsäureverbindungen SiO_2 zählen Quarz, Bergkristall, Amethyst, Rauchquarz, Morion, Citrin, Rosenquarz, Kieselgur, Basalt, Glimmer, Feldspat, Opal, Olivin u. a. [Rösler 1991].

Der Übergang zwischen Lithosphäre und Biosphäre ist bekanntlich der Erdboden. Er ist die fruchtbarste Oberflächenschicht des Festlands unseres Planeten und wird als verwittertes Gestein bezeichnet. Der Boden ist die oberste belebte Verwitterungsschicht der Geosphäre. Es gibt verschiedene Böden (Schwarzerde, Braunerde, Salzböden). Die sogenannten schweren Böden mit feinkörnigem Ton und Lehm sind SiO_2-reich. Sie gelten als die fruchtbarsten. Die leichten Böden sind Sandböden. Sie enthalten ebenfalls Ton, Quarz bzw. Kieselsäure (SiO_2), aber grobkörnig.

Ein vereinfachtes Schema soll die Klassifikation der Böden darstellen.

Tabelle 1 zeigt: Die Ton- und Lehmböden sind die fruchtbarsten. Da die Böden der heutigen Landwirtschaft ausgebeutet werden, kann Naturzeolith diese Böden verbessern und wieder natürlich gestalten.

Tabelle 1: Klassifikation von Böden

Bezeichnung	Korngrößen Ø in mm	körnige Bestandteile	Bodennutzung in Mitteleuropa
Schutt	> 20	Gerölle	Ödland
Grus	22-2	Feinkies	Weideland
Sand	2-0,063	Quarzkörner	Nadelwald, Roggen, Kartoffeln
Schluff (Lehm)	0,063-0,002	Tonmaterialien, Quarzkörner	Laubwald, Wiesen, Weizen
Ton	< 0,002	Tonmaterialien	Buchenwald, Zuckerrüben, Weizen, Hopfen, Wiesen

2 Ist Ton wegen seines hohen Siliziumgehalts ein fruchtbarer Boden?

Ja! In allen genannten Böden befinden sich SiO_2-Verbindungen oder Silikate. Böden mit den feinsten Anteilen von Ton (SiO_2) weisen die höchste Fruchtbarkeit für Pflanzen auf. Der Ton besteht, wie bereits erwähnt, aus sehr feinkörnigem Quarz, Feldspat, Glimmer, also SiO_2-Gesteinen sowie aus biogenen Anteilen. Die Tonmineralien sind gewöhnlich wasserhaltige Aluminiumsilikate, die Wasser und Ionen anlagern können. Durch Wasseraufnahme vermag der Ton sein Volumen durch Quellung zu vergrößern. Wenn Ton mit Wasser gesättigt ist, wird er wasser- und luftundurchlässig.

Tonschichtenlager in der Natur sind daher wichtige Grundwasserträger. Ton wird daher auch für unterirdische Dichtungsschleier, z. B. für Talsperren und Deichdämme, verwendet. Wasser, welches mit Tonschichten in Verbindung steht, enthält gewöhnlich (in unterschiedlichen Mengen) Monokieselsäure und kolloidale Kieselsäure in Solform. Die Menge der kolloidalen Anteile hängt vom pH-Wert und von der Temperatur ab.

Die Verseuchung des Bodens durch die industriell betriebene Landwirtschaft und die Umweltverschmutzung macht den Boden SiO_2-arm und unfruchtbar. Deswegen wird heute Dünger aus natürlichen Silikaten benötigt, z. B. Naturzeolith, Montmorillonit (Bentonit) und Urgesteinsmehl.

3 Der deutsche Gelehrte und Naturforscher Alexander von Humboldt soll Silizium in den Pflanzen entdeckt haben?

Von Ende des 18. Jahrhunderts an wurde SiO_2 in lebenden Organismen beschrieben. So berichtete Abildgaard 1789 über die Anwesenheit von SiO_2 in Schwämmen, Russel 1790 in Bambus. Alexander von Humboldt hat die Ergebnisse seiner Untersuchung über das Vorkommen von Silizium in Pflanzen 1793 in lateinischer Sprache und 1794 in deutscher Sprache beschrieben. Justus Liebig beschrieb die große Bedeutung des Siliziums für die Agrikultur. Obwohl aus dem alten Griechenland bekannt war, dass der siliziumhaltige Schachtelhalm (Zinnkraut) zur Wundheilung gute Dienste leistete und Louis Pasteur schon 1878 die Bedeutung des Siliziums für die Gesundheit des Menschen prognostizierte, wurde das Problem der Biochemie des Siliziums (SiO_2) erst mit Beginn des 20. Jahrhunderts aufgegriffen.

Trotz vieler wissenschaftlicher Arbeiten – dem Buch von Voronkov et al. 1975: „Silizium und Leben“ sind mehr als 5.000 Quellenangaben zu entnehmen – befasst sich die gegenwärtige Forschung nicht sonderlich mit dem Silizium als Mineral im Organismus des Menschen, der Tiere, der Pflanzen und der Böden. Das ist ungerechtfertigt und eine stiefkindliche Behandlung des Siliziums. Es besteht dringend Nachholbedarf.

4 Welche Bedeutung hat Silizium in der Hydrosphäre (Gewässer)?

In der Hydrosphäre kommt das SiO_2 weniger häufig vor als in der Geosphäre. Es wird ein Durchschnittswert von 5 mg/l Meeres- oder Ozeanwasser angegeben [Voronkov et al. 1975]. Gewöhnlich kommt es als gelöste Kieselsäure (SiO_2), als kolloidales Siliziumdioxid und als SiO_2-haltiger Schlamm auf den Böden der Gewässer (z. B. Meeresboden) vor. Etwa 45 % davon ist kolloidales SiO_2. Das SiO_2 nimmt in den Ozeanen mit der Tiefe und in der Oberflächenschicht der Ozeane vom Äquator zu den höheren Breiten zu.

Die Flüsse sind die Hauptlieferanten des SiO_2 für die Ozeane und weisen im Durchschnitt einen Gehalt an SiO_2 von 13 mg/l aus. In kalten unterirdischen Gewässern bzw. Quellen werden 240 mg/l SiO_2 nachgewiesen. In Thermalquellen können bis 300 mg/l SiO_2 vorkommen. Auch in diesen Gewässern besteht der Hauptteil des SiO_2-Anteils aus monomerer Kieselsäure und aus kolloidalem SiO_2 in Solform [Voronkov et al. 1975].

Die Algen, insbesondere die Kieselalgen, sind aber neben den Bäumen Hauptproduzenten des Sauerstoffs in der Luft. Sie sollen etwa 40 % des Sauerstoffs der Luft in der Atmosphäre unseres Planeten liefern [Übersicht: Hecht, „Richtig atmen mit der richtigen Luft“].

5 Welche Sphären an der Umwelt haben direkten Einfluss auf Menschen, Tiere und Pflanzen in der Biosphäre?

Alle diese lebenswichtigen Sphären sind heute durch Industrie und Verkehr, Urbanisierung und unnatürliche Lebensstile verschmutzt. Mit natürlichen Stoffen lassen sich individuell Korrekturen vornehmen, z. B. durch einen natürlichen Lebensstil und die Einnahme von Naturzeolith bzw. die Verabreichung dieses Naturgesteins an Tiere und Pflanzen.

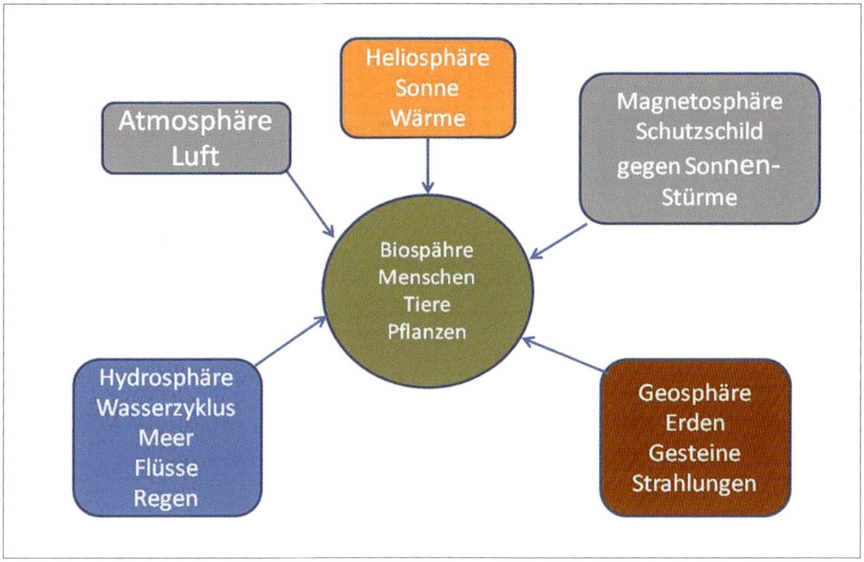

Abbildung 1: Lebenswichtige Sphären

6 Wie sieht das Anwendungsspektrum des Naturzeoliths aus?

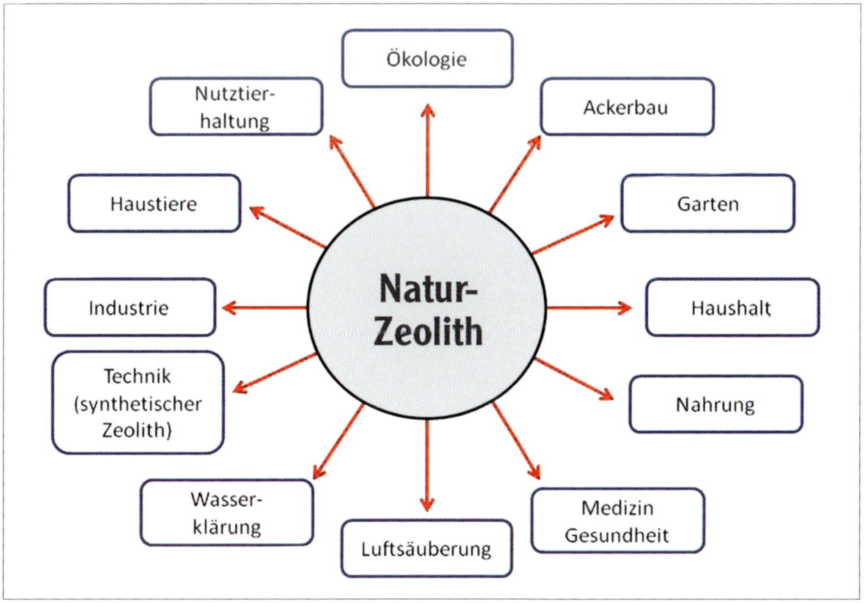

Abbildung 2: Der Naturzeolith hat, wie es diese Abbildung zeigt, ein sehr breites Anwendungsspektrum.

7 Gibt es Erfahrungen und wissenschaftliche Studien über die Anwendung vom Naturzeolith in der Landwirtschaft?

Derartige Erfahrungen und wissenschaftliche Studien gibt es schon weltweit seit etwa 50 Jahren bis heute in zunehmendem Umfang. Das vollzieht sich in folgenden Bereichen der Landwirtschaft:

- Geflügelzucht, Viehzucht, zur Verbesserung des Gesundheitszustands der Tiere durch die biostimulierende Wirkung
- Reinigen von Abwässern
- Verbesserung der Luftverhältnisse in den Ställen und zur Beseitigung von Geruchsbelästigungen
- hygienische Unterlage für das Groß- und Kleinvieh
- Bekämpfung von Erkrankungen, besonders denen des Verdauungs- und Atmungstrakts bei Nutztieren
- Verminderung der Ferkel- und Kälbersterblichkeit
- ökologisch reine Tierprodukte
- zum Düngen von Böden (Ionenaustausch, Adsorption)
- Erhöhung der Bodenfruchtbarkeit in Dürregebieten

8 Sind Anwendungen von Naturzeolith zur Verbesserung der Bodenfruchtbarkeit wissenschaftlich belegt?

Aus meiner Sicht wird Naturzeolith zur Erhöhung der Bodenfruchtbarkeit weltweit angewendet. Auf wissenschaftlichen Kongressen konnte ich diesbezüglich Forschungsergebnisse zur Kenntnis nehmen, z. B. aus Aserbaidschan, Chile, Kuba, Russland. Aber auch in Westeuropa gibt es derartige wissenschaftlich belegte Erkenntnisse.

Nachfolgend möchte ich die aus meiner Sicht wichtigsten Erkenntnisse kurz zusammenfassen. Es wurde beobachtet, dass Naturzeolith eine enge Verbindung mit Pflanzenwurzeln eingeht, wodurch die Pflanzen den selektiven Ionenaustausch und die Adsorption des Naturzeoliths direkt und optimal nutzen. Außerdem bewirkt der Naturzeolith Folgendes in den Böden:

- Regulierung des Säure-Basen-Gleichgewichts, vor allem durch Entsäuerung der heute versauerten Böden
- Dekontaminierung der Böden von Schwermetallen und Giftstoffen
- Zufuhr von bioregulatorischen Makro- und Mikroelementen, z. B. Mg, K, Se
- Zufuhr von Silizium, welches im Boden vielfältige Wirkungen entfaltet
- Förderung von Wachstum und Entwicklung nützlicher Mikroorganismen

- Wasserspeicherung im Boden als Reserve für Trockenzeiten
- Verhinderung von Fäulnisprozessen an den Wurzeln
- Strukturverbesserung des Bodens für einen günstigen Wasser-Luft-Austausch
- beträchtliche Ertragssteigerungen
- Stimulierung des Wurzelsystems
- Schimmelbildungverhinderung

9 Wie muss der Naturzeolith bei der Bodenverbesserung dosiert werden?

Nach Empfehlung von Frau Diplomhydrogeologin Nina Schulze [2010] sollen folgende Dosierungen für die Bodenverbesserung und die Stimulierung des natürlichen Pflanzenwuchses verwendet werden. Der Naturzeolith soll dabei eine Körnung von 1,0-2,5 mm haben. Es können auch feinere oder gröbere Körnungen verwendet werden, je nach Bedarf für den jeweiligen Zustand der Böden.

Anpflanzung von jungen Bäumen: In die ausgehobene Grube ca. 500 g Naturzeolith schütten und mit ca. 10 cm Erde bedecken, darauf den Baum pflanzen.

Beim Einwurzeln von Weinstöcken und Beerenfrüchten: In die Grube ca. 100-200 g Naturzeolith schütten und mit ca. 5 cm humushaltiger Erde auffüllen.

Zur allgemeinen Bodenverbesserung wird Naturzeolith etwa wie folgt eingebracht:

schwere Böden	500-700	g/m^2
mittelschwere Böden	700-1.000	g/m^2
leichte Böden	1.000-1.500	g/m^2

10 Was ist Ursteinmehldüngen?

Steinmehl- oder Urgesteinsmehldüngung wird schon lange von den Ackerbauern betrieben und zwar mit dem Ziel, den Boden fruchtbarer zu gestalten und dauerhaft zu erhalten. Das Gesteinsmehl soll pH-Werte von 6,5 (schwach sauer) bis 13 (stark alkalisch) haben. Bei Böden, die einen hohen Kalkgehalt haben und damit alkalisch sind, wie Ton, Lehm, Löss, wird saures Urgesteinsmehl verwendet. Sandböden sollen sauer sein. In diesem Fall wird alkalisches Steinmehl gebraucht.

Das Steinmehl wird aber auch dazu verwendet, dass die Böden ausreichend mit Mineralien versorgt werden. Die verwitterten Gesteine enthalten vor allem Silikate und Feldspat. Aus den Silikaten wird Eisen, Magnesium und Kalium gegeben, vom

Feldspat Kalzium. Diese Mineralien sind für das Wachstum der Pflanzen wichtig. Im Urgesteinsmehl enthaltenes Mangan, Kupfer, Molybdän, Bor, Nickel, Kobalt und Zink sind für den Zellaufbau, die Photosynthese, die Blüten- und Fruchtbildung notwendig.

Die Anwendung des Urgesteinsmehls erfolgt trocken durch Bestreuen der Böden, befeuchtet oder mit Naturdung, z. B. Gülle, vermischt. Danach harkt der Gärtner das Urgesteinsmehl in den Boden ein und der Landwirt eggt es tiefer in den Boden.

Zu erwähnen ist noch, dass saures Urgesteinsmehl von einigen Pflanzen nicht toleriert wird, z. B. Azaleen, Eriken, Kamelien und Heidelbeeren [Utermöhlen 1934].

11 Gibt es historische Überlieferungen zur Gesteinsmehldüngung?

Es gibt historisches Schrifttum, aus dem hervorgeht, dass die Böden mit „Gesteinsmehlausbringung“ bedacht werden, um ihre Fruchtbarkeit zu gewährleisten und die Pflanzen mit Mineralien ausreichend zu versorgen. Im alten Ägypten, Babylonien und Assyrien wurde der Boden mit Gesteinsmehl und Tonmaterialien versorgt, wobei man die Ausbringung des Gesteinsmehls vor der Regenzeit besorgte. Auch die Inkas sollen eine Kombination von Steinmehlausbringung und Bewässerung vorgenommen haben. Beim Gesteinsmehl soll es sich um Tuffgesteine, vermutlich Zeolith, Bentonit, aber auch um Kreide, Kieselerde u. a. gehandelt haben [Bgatova und Novoselov 2000].

Im Bezirk Wallis in der Schweiz werden seit dem 14. Jahrhundert bis heute Äcker und Wiesen mit „Gesteinsmilch“ gedüngt [Feichtinger et al. 2002]. Gewöhnlich geschieht das im Frühjahr, teilweise verbunden mit Gottesdiensten.

12 Gibt es auch wissenschaftliche Arbeiten, die die Urgesteinsmehldüngung als effektiv bestätigen?

Mir liegt z. B. die Diplomarbeit von Petra Völkl vor: „Anwendungsbereiche von Steinmehl und dessen Einfluss auf die Grünlandbewirtschaftung im Ennstal“ [Höhere Bundeslehr- und Forschungsanstalt für Landwirtschaft, Raumberg-Gumpenstein, April 2013].

Die Untersuchungen wurden mit dem Urgesteinsmehl als Güllezusatz durchgeführt. Auf einen Kubikmeter Gülle wurden 30 kg Steinmehl zugesetzt aus dem Hartensteinwerk Kitzbühel. Urgesteinsmehl trägt zur Homogenisierung und zur

Geruchsverbesserung der Gülle bei. Das von Petra Völkl verwendete Urgesteinsmehl ist wie folgt charakterisiert: „Urgesteinsmehl wird durch die Vermahlung von vulkanischen Gesteinen der Basaltgruppe gewonnen. Die Bestandteile Basalt und Diabas zählen zu den wichtigsten Ausgangsgesteinen. Der Basalt ist in seiner Eigenschaft feinkörnig und geologisch älter. Im Gegensatz dazu ist der Diabas grobkörnig und geologisch jünger. Diabas zählt zu den sogenannten Vulkangesteinen (Magmatite) und ist durch die Umwandlung 500 Millionen Jahre alter basaltischer Lava entstanden" [Hartsteinwerk Kitzbühel 2012b].

Die Gesteine sind reich an chemischen Elementen der Alkali- und Erdalkaligruppe. Somit bewirken sie basische Reaktionen und versorgen die Pflanzen ausreichend mit Mineralien.

13 Wie ist die mineralische und chemische Zusammensetzung des Steinmehls?

Hauptelemente	Abkürzung	%	Spurenelemente	Abkürzung	mg/kg
Tonerde	Al_2O_3	13,41	Barium	Ba	288,2
Kalzium	CaO	7,32	Wismuth	Bi	11,2
Eisen	Fe_2O_3	12,67	Cer	Ce	167,1
Kalium	K_2O	0,92	Kobalt	Co	45,5
Magnesium	MgO	6,46	Chrom	Cr	187,5
Mangan	MnO	0,19	Kupfer	Cu	34,2
Natrium	Na_2O	3,53	Lathan	La	78,3
Phosphor	P_2O_5	0,49	Lithium	Li	58,5
Schwefel	SO_3	0,12	Molybdän	Mo	2,7
Silizium	SiO_2	46,63	Niob	Nb	31,2
Titan	TiO_2	3,26	Rubidium	Rb	24,2
			Scandium	Sc	32,2
			Selen	Se	55,0
			Strontium	Sr	439,9
			Tantal	Ta	3,2
			Vanadium	V	252,7
			Yttrium	Y	33,6
			Zink	Zn	121,6
			Zirkon	Zr	292,1

Tabelle 2: Zusammensetzung des von Petra Völkl verwendeten Urgesteinsmehls

14 Wie sieht das Datenblatt für Naturzeolith aus?

Die Daten zeigen, dass das Urgesteinsmehl Ähnlichkeiten mit dem Naturzeolith hat, wie in nachfolgenden Tabellen der Abbildung 3 (Datenblatt) zu sehen ist:

Abbildung 3: Beispiel eines Datenblatts für Klinoptilolith-Zeolith. Hier fehlt die Toxikologie und Radioaktivität (Quelle: E. Walraph 2004; http://www.ns-eugenik.de/labor/vortrag.htm)

DATENBLATT KLINOPTILOLITH-Zeolith		
Materialbezeichnung		
Materialname	Naturzeolith	
Chemische Benennung	Hydratiertes Alumosilikat der alkalischen Metalle und der Metalle von alkalischen Erden	
Mineralform	Klinoptilolith	
Chemische Sorte	Molekularsieb	
Empirische Formel	$(Ca, K_2, Na_2, Mg)_4Al_8Si_{40}O_{96}24H_2O$	
Chemische Zusammensetzung		
SiO_2	65,0-71,3 %	
MgO	0,6-1,2 %	
Al_2O_3	11,5-13,1 %	
Na_2O	0,2-1,3 %	
CaO	2,7-5,2 %	
TiO_2	0,1-0,3 %	
K_2O	2,2-3,4 %	
Fe_2O_3	0,7-1,9 %	
Si/Al	4,8-5,4 %	
Ionenaustauschfähige Eigenschaften		
Gesamtaustausch	Ca^{2+} 0,64-0,98 mol/kg Mg^{2+} 0,06-0,19 mol/kg	K^+ 0,22-0,45 mol/kg Na^+ 0,01-0,19 mol/kg
Partielle Austauschkapazität		mind. 0,70 mol/kg
Gesamte Austauschkapazität		1,3-1,3 mol/kg
Sorption des Wasserdampfes durch dehydratisiertes Gestein	Bei relativer Feuchte 52 % Bei relativer Feuchte 98 %	7,5-8,5 g H_2O/100 g 13,5-14,5 g H_2O/100 g
Selektivität		
$Cs^+ > NH_4^+ > Pb^{2+} > K^+ > Na^+ > Ca^{2+} > Mg^{2+} > Ba^{2+} > Cu^{2+} > Zn^{2+}$		

DATENBLATT CLINOPTILOLITH-Zeolith		
Physikalische und chemische Eigenschaften		
Erweichungstemperatur	1.260 °C	
Schmelztemperatur	1.340 °C	
Schüttgewicht	nach Fraktion	
Fließtemperatur	1.420 °C	
Druckfestigkeit	33 Mpa	
Spezifisches Gewicht	2.200-2.400 kh/m³	
Rohwichte	1.600-1.800 kh/m³	
Aussehen	grau-grün	
Porosität	ca. 30 %	
Eff. Porendurchm.	0,4 mio.stel. mm (4 Angström)	
Dichte	70 %	
Weißgrad	70 %	
Härte nach Mohs	1,5-2,5	
Veränderlichkeit	kVTI = 1,628	
Geruch	ohne	
Reaktivitätsdaten		
Säurestabilität	79,5 %	
Thermische Stabilität	bis 400 °C	
Wasserlösbarkeit	0	
Gefährliche Zersetzung	keine	
Gefährliche Polymerisation	kommt nicht vor	
Körnigkeit Zeolith – In der „SIEBLINIE" sind Rückstände dargestellt:		
15 Mikrometer	15.000 nm	0 %
10-15 Mikrometer	10.000-15.000 nm	26,2 %
1-10 Mikrometer	1.000-10.000 nm	69,7 %
0,5-1 Mikrometer	500-1.000 nm	4,1 %

(Quelle: Die Wirkung von tribomechanisch aktiviertem Natur-Klinoptilolith-Zeolith auf die Zellen des Immunsystems. Vortrag gehalten im Maritim-Golf und Sport Hotel, Timmendorfer Strand, am 17.07.2004 durch Dr. Walraph)

15 Welches sind die wichtigsten Ergebnisse von Petra Völkl?

1. Durch die Behandlung der Gülle mit Urgesteinsmehl kommt mehr Stickstoff in die Pflanzen. Die bessere Stickstoffausnutzung erhöht den Ertrag des Grünfüllers (Klee, Gras).
2. Die Umweltbelastung durch Gülle konnte durch den Urgesteinsmehlzusatz reduziert werden.
3. Die Ammoniakreduzierung führte dazu, dass weniger Nitrate in das Grundwasser gelangten.
4. Die Nutztiere erhalten hoch qualitatives Futter mit Mineralien und von ökologischer Reinheit.
5. Die Milchinhaltsstoffe wurden durch das verbesserte Grünfutter, welches durch das Urgesteinsmehl erreicht wurde, erhöht.
6. Das Urgesteinsmehl fördert den geschlossenen Kleegrasbestand und die Krümelstabilität des Bodens.
7. Von großer Bedeutung ist der Hinweis von Petra Völkl, dass, wenn eine Kalkdüngung einen pH-Wert von 5,5 erreicht, infolgedessen ein Mangel an Spurenelementen im Kleegrasfutter erzeugt wird. Dieser Mangel kann zu Fruchtbarkeitsstörungen der Tiere führen, weil die Bildung von Enzymen fehlt. Das Urgesteinsmehl verhindert den Mangel an Spurenelementen.
8. Das Urgesteinsmehl kann auch den Schädlingen entgegenwirken. Es wirkt bei Verstäubung von 2 kg/100 m² Pflanzenbestand gegen Blattläuse, Mehltau und Rostpilze. Am Rasen kann Moosbildung zurückgedrängt werden.

Anmerkung

1. Zur Schädlingsbekämpfung. Berliner Kleingärtner stellen aus Ackerschachtelhalm (SiO_2-reich) durch Kochen einen Sud her. Dieser wird in Wasser gegeben und die Pflanzen damit benetzt. Es ist das beste und natürlichste Mittel gegen Blattläuse.
2. Da es große Ähnlichkeit zwischen dem Urgesteinsmehl und dem Naturzeolith und Montmorillonit gibt, sind die von Petra Völkl sehr überzeugenden Ergebnisse, auch bei Verwendung der beiden genannten Silikate, bei der Bodenverbesserung zu erwarten, wie vorstehend (Teil 1) ausführlich berichtet wurde.

16 Hat Petra Völkl auch Kontakte zu Landwirten gehabt, die Steinmehl anwenden?

Ja, sie hat sogar Befragungen mit Landwirten durchgeführt. Ich gestatte mir, einige Antworten auszugsweise aus der Diplomarbeit zu zitieren. Die Namen der Aussagen werden anonymisiert, dem Autor liegen sie vor.

1. Landwirt

Welchen Betrieb führen Sie?

Wir führen einen intensiven Milchviehbetrieb mit 19 Milchkühen der Rasse Braunvieh. Die gesamte Nachzucht wird am Betrieb aufgezogen. Die Landwirtschaft läuft im Vollerwerb. Außerdem wir der Betrieb auf konventioneller Basis bewirtschaftet.

Was hat Sie dazu bewegt, Steinmehl zu verwenden?

Auf den Gedanken, Steinmehl zu verwenden, sind wir durch einen Besuch eines Vortrags über Steinmehl von Herrn DI Georg Abermann gekommen. Wir haben uns entschieden, weil wir bei dem Vortrag Bilder von verschiedenen Betrieben gesehen haben, die schon längere Zeit mit Steinmehl arbeiten.

Wie lange verwenden Sie schon Steinmehl?

Seit drei Jahren arbeiten wir mit Steinmehl.

Welche Erwartungen haben/hatten Sie davon?

Durch den Einsatz von Steinmehl erwarten wir uns eine Verbesserung des Bodens und vom Zustand des Futterbestands. Weiters erhoffen wir den Gesundheitszustand der Tiere und die Futterqualität zu verbessern.

Was für eine Art von Steinmehl verwenden Sie?

BIO-LIT Urgesteinsmehl bevorzugt in Big-Packs.

In welchen Bereichen verwenden Sie es?

Steinmehl wird über die Gülle auf das Grünland aufgebracht. Weiteres durch Beimischen zu der Futterration der Milchkühe. Ebenfalls werden die Kälber und das Jungvieh händisch damit versorgt.

Welche Mengen verwenden Sie für die verschiedenen Anwendungsbereiche?

Pro 100 m^3 Gülle werden 3 Tonnen Steinmehl beigemengt. Für die Futterration werden etwa 10-20 kg Steinmehl in den Mischwagen dazugegeben. Die Kälber bekommen eine Handvoll Steinmehl.

Haben Sie verschiedene Veränderungen wahrgenommen? Wenn ja, welche?

Steinmehl vermindert den starken Güllegeruch und auch die Insekten- und Fliegenplage. Der Futterbestand wird besser, eine Erhöhung des Futterertrags wurde erkannt. Bessere Tiergesundheit, z. B. bei Kälberdurchfall, schnellere Heilung bei Klauenproblemen und Euterentzündungen.

2. Landwirt

Welchen Betrieb führen Sie?

Wir sind ein Milchviehbetrieb mit der Rasse Fleckvieh. Die ganze weibliche Aufzucht bis 3 Monate wird am Hof gehalten. Alle Kalbinnen über 3 Monate werden auf einen Aufzuchtbetrieb in der Nähe weitergegeben.

Was hat Sie dazu bewegt, Steinmehl zu verwenden?

Zuerst haben wir uns Informationen vom 1. Landwirt geben lassen. Danach haben wir schon vier Big-Packs von ihm abgekauft. Wichtig war es für uns zum Einstreuen im Stall wegen dem Ammoniakgeruch. Die endgültige Entscheidung wurde dann nach einem Vortrag von DI Abermann getroffen.

Wie lange verwenden Sie schon Steinmehl?

Die erste Lieferung Steinmehl wurde im Frühjahr 2012 bestellt.

Welche Erwartungen haben/hatten Sie davon?

Grundsätzlich war uns der verbesserte Geruch im Stall am wichtigsten. Ein weiterer wichtiger Aspekt war, dass auf einer Weide nach dem Auftrieb im nächsten Jahr immer ein lückenhafter Bestand war und kein richtiger Aufwuchs. Hier hat man nach der Düngung mit Steinmehl wesentliche Unterschiede wahrgenommen. Die Gesundheit von den Kälbern, sei es Durchfall oder Bauchschmerzen, war uns ebenfalls wichtig.

Was für eine Art von Steinmehl verwenden Sie?

BIO-LIT Urgesteinsmehl bevorzugt in Big-Packs.

In welchen Bereichen verwenden Sie es?

Vor der Düngung wird das Steinmehl in die Gülle eingebracht und verrührt. Ebenfalls wird es im Stall als Einstreu verwendet. Dadurch ist die Geruchsbelastung verringert. Verstärkt wird bei den Kälbern in der Box, bei den Milchkühen, bei den Schweinen und im Hühnerstall eingestreut. Es wird auch bei der Erde von den Balkonblumen untergemischt und im Garten eingesetzt.

Welche Mengen verwenden Sie für die verschiedenen Anwendungsbereiche?

Für die Düngung werden pro m^3 Gülle etwa 30-35 kg Steinmehl beigemengt. Mit einer Schaufel wird eingestreut. Hier gehen pro Einstreu etwa 9-10 kg Steinmehl auf.

Haben Sie verschiedene Veränderungen wahrgenommen? Wenn ja, welche?

Seitdem wir Steinmehl verwenden, haben wir keine Probleme mit Kälberkrankheiten, die Kälber sind resistenter als sonst. Das Einstreuen vom Steinmehl findet nach dem Waschen der Kälberboxen statt, es wird sehr dick eingestreut. Dadurch sind heuer fast keine Durchfall- und Bauchwehkälber zu verzeichnen. Einige Kühe hatten sonst immer weiche Klauen. Seitdem wir Steinmehl einstreuen, sind sie bei den Klauen nicht so anfällig.

Bei Gülleausbringung habe ich erkannt, dass die Konsistenz der Gülle eher cremiger ist und weitaus konstanter. Ein wichtiger

Punkt ist, dass sich der Geruch stark vermindert hat. Auch wenn bei der Gülleausbringung sonniges Wetter war, hat sich die Gülle nicht so sehr in die Erde hineingebrannt. Was man auch bemerkt hat, dass auf der Wiese keine Güllerückstände nach dem Ausbringen vorhanden waren.

17 Wie wirkt Naturzeolith in Böden allgemein?

Naturzeolith

1. erhöht die Ionenaustauschkapazität
2. bewirkt die Speicherung von Ammonium
3. reichert den Boden mit Kalium an
4. gewährleistet eine SiO_2-Regulation
5. reguliert den pH-Wert des Bodens
6. qualifiziert den Humusgehalt und die Bodenfruchtbarkeit
7. gewährleistet eine gut durchlüftete Bodenstruktur
8. reguliert den Wasserhaushalt, schützt vor Austrocknen. Naturzeolith kann 40 % seines Gewichts an Wasser aufnehmen und speichern.
9. stimuliert die Entwicklung der Mikroflora
10. bindet Schadstoffe, z. B. Schwermetalle, Pestizide, Ammoniak
11. reguliert die nützliche Stickstoffversorgung der Pflanzen
12. bindet Radionuklide
13. versorgt den Boden mit Mineralien (Spurenelementen)
14. verhindert Schimmel-, Bakterien- und Parasitenbildung
15. optimiert das Wachstum aller Pflanzen
16. hält den Wasserspiegel sauber
17. veredelt natürlichen Tierdung zu hochwertigem, der dem Boden ein gutes Fruchtbarkeitsfundament gibt
18. verhindert Geruchsbelästigung durch die Tiere und deren Dung und der Ställe
19. gewährleistet das agrochemische Minimumgesetz von Justus Liebig (1803-1873)

18 Was ist das agrochemische Minimumgesetz?

Justus Liebig (1803-1873) formulierte das agrochemische Minimungesetz, das besagt: „Wenn ein Ackerboden alle zum Wachstum erforderlichen Mineralstoffe mit einer Ausnahme enthält, so wird sich das Wachstum der Pflanze doch immer nach jenem Mineralstoff richten müssen, an welchem der größte Mangel besteht. Wird der Boden mit diesem Mineralstoff angefüllt, dann kann die Pflanze ihr volles Wachstum entfalten.“ Um diesem Gesetz gerecht zu werden, verwendet man heute in manchen Gebieten Naturzeolith,

Montmorillonit oder Urgesteinsmehl mit ihrer Adsorptions- und Ionenaustauschfunktion, weil diese Silikate selbstregulatorische Eigenschaften aufweisen. Bei stark denaturierten Böden sind auch Mineralienzusätze erforderlich.

19 Welches Produkt ist besser? Das Urgesteinsmehl oder die Tuffgesteinsilikate Naturzeolith, Montmorillonit (Bentonit)?

Die salomonische Antwort könnte lauten: alle Produkte, wenn sie die geforderte Qualität aufweisen, sind gut. Von meinem Erkenntnisstand aus würde ich sagen, dass das Urgesteinsmehl mehr zur Bodendüngung verwendet wird, seltener zur Fütterung der Tiere und es über die Bodenfruchtbarkeit und Qualität der Pflanzen die Tierhaltung und die Tierleistung verbessert.

Wie in Teil 1 gezeigt, konnten Montmorillonit (Bentonit) und Naturzeolith durch Fütterung des Viehbestands dessen Leistungen optimieren und zugleich analog zum Urgesteinsmehl den Boden und die Bodenfruchtbarkeit verbessern.

Der Ionenaustausch und die Adsorption dürfte bei allen angeführten Stoffen sicher realisiert werden.

20 Wo kann Naturzeolith außer auf dem Ackerboden der Landwirtschaft noch zur Verbesserung der Natur angewendet werden?

Naturzeolith hat bisher in folgenden Fällen Anwendungen gefunden:

Bei Anlage und Pflege von

- Rasenflächen
- Sportplätzen (Golfplätzen)
- Rabatten
- Vorgärten
- Parkanlagen

Bei

- Baumanpflanzungen
- Buschanpflanzungen
- Blumenanpflanzungen
- Rekultivierung von Sandflächen und Tagebauanlagen
- Trockenlegung von Ackerflächen und Wiesen

Körnung 1-5 mm

Empfehlungen: Zur Bodenverbesserung 5-20 Tonnen Naturzeolith pro Hektar

Gülledüngung 1:1 oder 2:3 Zeolith-Einheiten zu Gülleeinheiten [nach Nina Schulze]

21 Wenn Naturzeolith, Montmorillonit (Bentonit) und Urgesteinsmehl dem Boden im Gartenbau und in der Landwirtschaft so dienlich sind, warum finden diese Naturstoffe noch keine breite Anwendung anstelle von Kunstdünger und Pestiziden?

Diese Frage habe ich mir auch schon oft gestellt, aber nur mit Unverständnis beantworten können. Vielleicht trifft die mecklenburgische Redewendung zu: „Wat der Buer nich kennt, fret er nich." (Was der Bauer nicht kennt, isst er nicht.) Es gäbe viele, sehr viel Vorteile für Landwirte, Gärtner, für den Boden, für die Früchte, die „Bio" wären und für die Kunden, die hochqualitative Bioprodukte zu kaufen bekämen, wenn die Silikate den Kunstdünger und die Pestizide ersetzen würden. Die Böden würden mit dem Silikatdünger natürlich gehalten. Der selbst ungiftige Naturzeolith vermag aber die Böden zu entgiften.

Aus meiner Sicht könnte sich ein kluger Gärtner oder ein kluger Landwirt nur für diese Alternative entscheiden, die etwa so lauten könnte: Ökonomie und zufriedene Kunden durch Ökologie.

Es gibt eine alte Bauernregel gegen das Übermaß am Kalken der Böden. „Wenn der Vater kalkt, wird der Sohn reich, aber der Enkel arm." Wollte man saure Böden kalken, dann sollte man 50 % Naturzeolith beimischen. Damit würden dann auch die Enkel reich, weil der Boden porös bleibt und nicht mit gipsigem Kalk zementiert wird.

Regelmäßige Anwendung von Naturzeolith zur Bodenpflege und Düngung würde die nachfolgende Generation keinesfalls verarmen lassen.

22 Welche Meinung haben Sie zu der Lehre von Dr. Hans Peter Rusch zur Bodenfruchtbarkeit, der sich als Arzt für die Erhaltung der Natur der Böden einsetzt?

Aus meiner Sicht ist die Lehre von Dr. Hans Peter Rusch zur Bodenfruchtbarkeit unter dem Motto „dem Boden muss der Kreislauf des Lebendigen erhalten bleiben" eng mit der Anwendung von Naturzeolith, Montmorillonit und Urgesteinsmehl zu sehen. Rusch bringt in diesem Zusammenhang die Kieselsäure, das SiO_2, welches in den genannten Silikaten zirka zwei Drittel ihres Gehalts ausmacht, ins Gespräch.

Die kristalline Struktur der SiO_2-Moleküle gewährleistet funktionell ein offenes System, welches jedem Lebewesen eigen ist, auch dem des Menschen. Der Mensch bildet mit seiner natürlichen, sozialen und künstlichen Umwelt ein geschlossenes System. Als offenes System können diese kristallinen SiO_2-Strukturen, ohne Veränderung ihres eigenen Ordnungsgefüges, bestimmte Elemente abgeben und aufnehmen, in gleicher Weise, wie es von lebenden Systemen bekannt ist. Kieselsäurekristallen wird daher ein Ordnungsgefüge zugesprochen, wie es für lebende Substanzen typisch ist [Rusch 2004]. Sie sind biogen geprägt. Infolgedessen haben sie regulative, informationsfunktionelle und heilende Eigenschaften im lebenden Organismus, auch beim Menschen, bei Tieren und in Böden.

23 Warum benötigen die Tiere unbedingt Naturzeolith, genauso wie der Mensch diesen dringend braucht?

Es leiden heute nicht nur die Tiere in der grausamen Massentierhaltung, sondern alle Tiere, weil sie, wie die Menschen, auch durch die Umweltverschmutzung einer schleichenden Vergiftung und Stress unterliegen und somit auch „menschliche Zivilisationskrankheiten" ausgelöst werden können.

Die Folgen davon sind, dass die Tiere, wie der Mensch oder noch mehr als der Mensch, an „Zivilisationskrankheiten" leiden, wobei besonders das Verdauungssystem, das Atmungs- und Immunsystem sowie der Bewegungsapparat (Gelenke) betroffen sind, aber auch Neurotizismus ist bei diesen Tieren bekannt (das Schwanzabbeißen bei den Schweinen ist ein Ausdruck dafür).

Diese krankhaften Erscheinungen bei Haus- und Nutztieren können wie beim Menschen mit Naturzeolith- und Montmorillonit-(Bentonit-)Applikationen verhindert oder beseitigt werden. Gleichzeitig werden diesen Tieren die gesundheitsfördernden Mineralien zugeführt, die in den beiden Aluminiumsilikaten enthalten sind.

Als reine Naturprodukte sind die Silikate der Antibiotika-Anwendung in der Wirkung überlegen und außerdem selbst unschädlich.

24 90 % der Antibiotikaproduktion sollen in die Massentierhaltung fließen. Stimmt das?

Am 10.09.2012 veröffentlichte das Bundesamt für Verbraucherschutz und Lebensmittelsicherheit (BVL) erstmals Zahlen über die Verwendung von Antibiotika in der Tierhaltung. Demnach sollen 1.734 Tonnen Antibiotika im Jahr 2011 von Pharmaunternehmen und Großhändlern an Nutztierhaltungsunternehmen abgegeben worden sein. Das sollen 90 % aller produzierten Antibiotika sein. Die gleiche Menge Naturzeolith hätte gesunde Tiere und keine Krankheitserregerresistenz, aber eine hohe Qualität an Tierprodukten hervorgebracht und damit für die Menschen keine Gesundheitsgefahr, sondern eine gesündere Ernährung.

In den USA sollen etwa 80 % der Antibiotikaproduktion in die Tierhaltung fließen.

25 Wie ist die Kontrolle über die Verabreichung von Antibiotika in der Landwirtschaft in anderen Ländern?

Nach Aussagen des Bundeslandwirtschaftsministers Christian Schmidt (Interview in „Die Zeit" am 17.12.2014) sind Dänemark und Holland Vorbilder in der Kontrolle und Reduzierung des Antibiotikaeinsatzes in der Landwirtschaft.

In den USA ist das Gegenteil festzustellen. Christian Schmidt im gleichen Interview: „Eine so großzügige Verabreichung von Antibiotika im Tierbereich wie in den USA, zum Teil nicht einmal verschreibungspflichtig und oft als ein Wachstumsbeschleuniger verwendet, ist für uns nicht akzeptabel."

26 Gibt es Aktionen gegen den Missbrauch von Antibiotika in der Nutztierhaltung?

Es gibt zahlreiche Aktionen gegen den Antibiotikamissbrauch und der sich daraus ergebenden Resistenz gegenüber gefährlichen Krankheitskeimen, z. B. seitens der Tierschutzorganisation PETA. Einzelne Tierärzte in führender Stellung haben ihren Rücktritt aus Protest erklärt. Die G7-Gruppe hat auch Stellung dazu genommen, aber nichts ist seitdem passiert. Die Landwirtschaftsminister in Deutschland und den USA reden wohl darüber, aber nichts verändert sich.

Die Mächtigen auf dieser „Strecke": Massentierhalter, Pharmaindustrie und eine Gruppe von Tierärzten lassen sich wenig von Protesten beeinflussen. Die Regierungen scheuen sich vor einem Verbot der Anwendung von Antibiotika in der Nutztierhaltung.

Am 12.04.2016 kam aber ein harter Warnschuss aus einer Richtung, aus der man das vielleicht nicht erwartet hätte. In der „Global Look Press" wurde ein Appell von 54 Investoren-Experten der wichtigsten Restaurantketten veröffentlicht, die gemeinsam eine Trillion Pfund Sterling verwalten, mit der Forderung, die Antibiotikaverabreichung in der Tierhaltung einzustellen, weil die antibiotikaresistenten Keime immer gefährlicher für den Menschen werden. Ein Vertreter dieser Gruppe prognostizierte, dass, wenn der Antibiotikamissbrauch ungehindert weitergehe, bis zum Jahr 2050 360 Millionen Menschen weltweit an den tödlich wirkenden antibiotikaresistenten Keimen sterben werden. Dies würde einen ökonomischen Verlust von 100 Trillionen Dollar bedeuten, der der Weltwirtschaft großen Schaden zufügen würde. Des weiteren kritisieren diese erlauchten 54 Personen dieses Investoren-Expertengremiums, dass folgende Restaurantketten von den Tierfleischproduzenten keine Daten über das gelieferte Fleisch von Nutztieren und Geflügel erhalten und sich völlig diesbezüglich im Dunklen befinden: McDonald's, ID Wetherspoon, Domino's Pizza Group, Brinker International, Darden Restaurant, Mitchells & Butlers, Restaurant Brands International, Restaurant Group The Wendy's Company and Yum. Unkontrollierbar werden demnach vielen Menschen Produkte angeboten, die Keime und Antibiotikareste enthalten können.

Dieser aufrüttelnde Appell einer großen Finanzgruppe müsste eigentlich Politiker, Massentierhalter, Tierärzte und Pharmaproduzenten von Antibiotika zur Vernunft bringen. Wird dieser Appell wirken oder wird er verheimlicht werden?

P.S.: Am 14.04.2016: Medienbericht über Schweinehochhaus – News zur Petition „Landwirtschaftsminister Schmidt: Schweinehochhaus muss schließen!" Deutsches Tierschutzbüro e. V. (mail@change.org)

Diese Petition habe ich unterschrieben. Das „Schweinehochhaus" steht in Maasdorf, 25 km nördlich von Halle. Dort sind in sechs Etagen Sauen eng zusammengepfercht untergebracht, um dort ihre Ferkel zur Welt zu bringen, die dann an Massentierhaltungen verkauft werden.

Offensichtlich hat der Bundesagrarminister Schmidt unsere Petition wahrgenommen und wird handeln. Natürlich ist das nur ein Tropfen auf den heißen Stein. Zur Schadenbegrenzung und Linderung der Tierleiden wäre es dringend erforderlich, Antibiotika durch Naturzeolith zu ersetzen.

Abbildung 4: Das so genannte „Schweinehochhaus" in Maasdorf (Quelle: Ralf Lotys, https://de.wikipedia.org/wiki/Datei:2011-05_Maasdorf_02.jpg)

27 Kann Klinoptilolith-Zeolith den Aquarianern nützlich sein?

In meiner Jugend war ich ein leidenschaftlicher Aquarianer. Die Betrachtung der Fische in dem Aquarium nutzte ich zur Entspannung und zum Stressabbau.

Es war aber notwendig, die Aquarien zu säubern und damit hatte ich gewöhnlich einen halben Sonntag zu tun. Als ich vor 15 Jahren meinen Freund Eltchin Khalilov in Baku besuchte, demonstrierte er mir stolz sein sauberes Aquarium mit kerngesunden Fischen, dessen Boden mit einer zirka 2 cm dicken Schicht des Klinoptilolith-Zeoliths in einer Körnung von 10-40 mm ausgelegt war. Er erklärte mir, dass er eine gründliche Säuberung nur jedes halbe Jahr vornehmen müsse.

Der Naturzeolith hält das Aquarium sauber und gewährt den Fischen Lebensqualität und Gesundheit. Das geschieht mit den bekannten hervorragenden Eigenschaften des Naturzeoliths

In den Aquarien bewirkt er Folgendes:

- Entfernen der Reste von Nährstoffen und Exkrementen der Fische
- Bindung des giftigen Ammoniums (NH_4^+)
- Zufuhr von Mineralien
- Zufuhr von Siliziumdioxid, welches pathologische Keime adsorbiert
- Förderung des Wachstums von nitrifizierenden Bakterien, die das giftige Ammonium (NH_4^+) in das neutral wirkende NO_{3-} überführen.

Für die Wachstumsförderung der nitrifizierenden Bakterien sind die Zeolithpartikel sehr nützlich, weil sie als ein günstiges Milieu für die Ansiedlung der nitrifizierenden Bakterien dienen.

Auch der Gartenteich meines Bakuer Freundes war mit einem Zeolithboden belegt. Die darin sich befindlichen Goldfische fühlten sich genauso wohl wie die Fische in dem Aquarium und das Teichwasser war klar und sauber.

28 Welche Vorteile bringt die Anwendung von Naturzeolith in der Fischzucht?

Der Einsatz von Naturzeolith in der Fischzucht kann sowohl der Verbesserung des Wassers, d. h. des Lebensmilieus, dienen, als auch als Futterbeigabe. Wissenschaftliche Ergebnisse demonstrieren, dass ein Zusatz von 4 % Naturzeolith der gesamten Futtermasse folgende Vorteile bringen kann:

- Verbesserung des allgemeinen Gesundheitszustands der Tiere
- weniger Erkrankungen und Sterblichkeit

- Reduzierung des Gehalts an Schwermetallen im Gewebe und den Organen der Fische (z. B. Blei, Arsen, Quecksilber, Cäsium und Kadmium)
- Wachstumsbeschleunigung
- bessere Futterverwertung
- erhöhter Mineraliengehalt
- Reduzierung der Futterkosten und der Kosten für Medikamente

Erfahrungen besagen, dass eine höhere Dosis von Naturzeolith gewöhnlich wirksamer ist als niedrige Dosierungen. Es müssen aber Abhängigkeiten berücksichtigt werden, z. B. von pH-Wert, von der Körnung der Silikate, von der Härte des Wassers.

Naturzeolith kann gewöhnlich nicht überdosiert werden. Er ist nicht toxisch, dafür umweltfreundlich und realisiert selektiven Ionenaustausch.

29 Welche sind die wesentlichen Vorteile bei der Anwendung des Naturzeoliths in der Geflügelhaltung und Geflügelzucht?

In der Geflügelhaltung kann der Naturzeolith für zwei Nutzanwendungen dienlich sein:

- als Beifutter
- als Einstreu und zur Qualifizierung des Hühnerkots zu hochwertigem Dünger

Als Beifutter

- geringe Sterblichkeit in der Aufzucht
- geringere Erkrankungshäufigkeit allgemein bei präventiver Anwendung des Naturzeoliths, vor allem geringere Erkrankungshäufigkeit des Verdauungssystems
- in der Geflügelzucht kontrollierbarer Gewichtstageszuwachs infolge besserer Futterverwertung
- Mineralzufuhr und damit Erhöhung der Fleischqualität
- Steigerung der Legeleistung bei Hühnern
- hohe Eierschalenqualität und infolgedessen weniger Bruch der Eier. Hierbei spielt das im Zeolith befindliche Siliziumdioxid eine Rolle, welches mittels Biotransmutation [Kervran] Kalzium im Hühnerstoffwechsel bilden kann.
- geringere Beschmutzung der Eier, infolge der Darmgesundheit

Als Einstreu

- gutes Stallklima
- Reduzierung der Geruchbelästigung und Stallfeuchtigkeit
- Reduzierung der Schimmelbildung und somit weniger Erkrankung durch Aflatoxine
- trockenkrümeliger und schüttfähiger Kot
- Aufwertung der Düngefähigkeit des Geflügelkots durch ein Gemisch mit Naturzeolith

30 Was ist die biologische Transmutation von Elementen?

Umwandlung der Elemente: Biologische Transmutation kann mit schwachen Energien aus Silizium Kalzium herstellen.

Der französische Arzt und Wissenschaftler Corentin Louis Kervran (1901-1983) hat bewiesen, dass Osteoporose nicht Kalzium, sondern Silizium zur Heilung benötigt.

In Jahrzehnte langen Forschungen hat er nachgewiesen, dass sich im menschlichen und tierischen Körper Elemente transmutieren (umwandeln) können. So kam er zu dem Ergebnis, dass zugeführtes Kalzium im menschlichen Körper nicht verarbeitet wird. Dagegen kann aber Kalzium aus Silizium und Magnesium im Körper entstehen.

Kervran belegt, dass die biologische Transmutation von Mineralien in Kernen der Atome stattfindet (Protonen und Neutronen).

Bekanntlich benennt man Atome, die gleich viele Protonen aber verschieden viele Neutronen ausweisen, als Isotope. Die stabi len (nicht radioaktiven) Isotope des Magnesiums werden von der Kernphysik wie folgt geschrieben: ^{24}Mg, ^{25}Mg, ^{26}Mg.

Obgleich die biologische Transmutation von Mineralien ein völlig neuer Wissenschaftszweig ist und mit der Kernphysik im eigentlichen Sinne nichts zu tun hat, bedient sich Kervran zwecks besseren Verständnisses der vertrauten Symbolik der Kernphysik, jedoch mit Einsetzen eines Doppelpunkts „:=“,

z. B.

$$^{39}K + {}^{1}H := {}^{40}Ca$$
$$^{24}Mg + {}^{16}O := {}^{40}Ca$$
$$^{28}Si + {}^{12}C := {}^{40}Ca$$

Die Reaktion Si + C := Ca ist offensichtlich schon im Urgestein abgelaufen. Kervran bezieht sich auf Dr. Charruyer, Leiter der Abteilung Physik der Medizinischen Hochschule von Limoges. Dieser fand in Urgestein-Schieferschichten Calcit-Drusen, die rhombische Kalziumcarbonatkristalle darstellen, sehr hart sind und viele Kilogramm schwer sein können. Nach Auffassung von Charruyer können diese nicht in die Schieferschichten eingewandert, sondern nur endogen gebildet worden sein.

Kervran führt an, dass seit dem Altertum bekannt ist, dass Kieselsäure (SiO_2) sowie Schachtelhalm (Zinnkraut) zur Rekalzifizierung, z. B. bei Knochenbrüchen, angewendet worden ist. Schachtelhalmabsud wurde zur Zeit Kervrans auch bei Schwangeren angewendet, um die Skelettbildung des Embryos zu unterstützen.

Nach Kervran [1989] kann der menschliche und tierische Körper kein zugeführtes Kalzium aufnehmen. Mineralisches Kalzium ist ein anorganischer Reaktionsrückstand. Eine Kalziumversorgung über Kieselsäure und Magnesium sollte das Mittel der Wahl sein.

Kervran [1989] bestätigt auch unsere Erfahrungen, dass der menschliche und tierische Körper eine enorme Toleranz gegenüber zugeführter Kieselsäure (SiO_2) zeigt.

Als ein weiteres Forschungsergebnis führt Kervran an, dass bei der Entwicklung des Kükenskeletts das im Ei befindliche Kalzium nicht ausreicht. Es muss durch SiO_2 gebildet werden. Auf die Bedeutung des SiO_2 bei der Skelettbildung von Küken hat auch die amerikanische Siliziumforscherin Edith Muriel Carlisle [1972] verwiesen.

Forschung an tuberkulösen Meerschweinchen zeigten, dass vor dem Kalzium Silizium verschwindet und dass jede Tuberkulose mit einer Dekalzifizierung einhergeht, wenn ungenügend Silizium vorhanden ist. Kervran stellte folgende Faustregel auf: Verschwindet Kieselsäure (SiO_2), dann verlässt Kalzium den Knochen, führt man Kieselsäure zu, dann kehrt Kalzium in den Knochen zurück. Das sind nach meiner Meinung völlig neue Aspekte für die Therapie.

Die revolutionäre Entdeckung von Corentin Louis Kervran stützt meine Empfehlung, in der Nutztierhaltung dauerhaft den siliziumreichen Naturzeolith (Klinoptilolith-Zeolith) oder auch Montmorillonit (Bentonit) für die Gesunderhaltung der Tierwelt anzuwenden.

31 Die Härte der Hühnereischale ohne Kalziumzufuhr bei den Hühnern soll zur Entdeckung der biologischen Transmutation von Elementen geführt haben. Ist das richtig?

Die Hühnereischalenfrage führte zu dieser Entdeckung. Warum legt das Huhn bei kalziumarmer Nahrung Eier mit fester Kalkschale und warum hat das Küken bei kalkarmer Ernährung des Mutterhuhns ein normales festes Skelett? Schon 1799 wurde die Frage gestellt: Warum enthält ein Hühnerei mehr Kalzium als im zugeführten Futter enthalten ist?

Woher kommt das Kalzium der Hühnerschale?

1. „Im Jahre 1799 war der französische Chemiker Vauquelin so fasziniert von der großen Menge Kalk, die eine Henne jeden Tag produziert, dass er beschloss, das Tier in einem Käfig einzusperren und nur mit Hafer zu füttern. Zuerst analysierte er, wie viel Kalk in einem Pfund Hafer enthalten war und dann fütterte er die Henne damit. Hinterher untersuchte er, wie viel Kalk mit den Eierschalen und den Exkrementen ausgeschieden worden war. Er stellte fest, dass die Henne fünfmal so viel Kalk ausgeschieden hatte, wie in der Nahrung enthalten war. Vauquelin folgerte daraus, dass dieser Kalk sich gebildet haben müsste, aber woher,

das wusste er nicht." Heute wissen wir, dass Hafer viel SiO_2 enthält und Pferden das glatte Fell verleiht. Gleiches vermag auch Klinoptilolith-Zeolith. Das SiO_2 hat sich offensichtlich in Kalzium umgewandelt und so die kalkhaltige Eierschale gebildet.

Kindheitsbeobachtungen eines späteren Arztes und Wissenschaftlers:

2. Kervran [1989]: „Meine Eltern hatten ein paar Hühner, für die sie neben dem Hof einen Auslauf hatten. Wir wohnten in der Bretagne und mein Vater war dort Regierungsbeamter. In der Gegend gab es viel Schiefer und Granit, aber absolut keinen Kalkstein. Die Hühner erhielten nie Kalk und doch legten sie in der Saison jeden Tag Eier mit Kalkschale. Damals fragte ich mich noch nicht, woher der Kalk kam, doch mich faszinierte es zuzuschauen, wie die Hühner unablässig am Boden scharrten, wenn man sie auf den Hof freiließ. Sie suchten Glimmerstückchen. (Glimmer ist zusammen mit Quarz und Feldspat Bestandteil von Granit, alle drei sind Siliziumverbindungen. Mehr wusste ich in meiner Grundschulzeit noch nicht.) Mir fiel auf, wie gut die Hühner ihre Auswahl trafen, wenn es geregnet hatte: Im sauberen, gewaschenen Zustand sahen diese Bruchstücke wie winzige Spiegel aus. Man konnte genau sehen, wo sie mit ihren Schnäbeln gepickt hatten.

Keiner konnte mir erklären, weshalb die Hühner nach Glimmer scharrten und nicht nach Sand. Jedes Mal wenn ein Huhn geschlachtet wurde, sah ich meiner Mutter beim Öffnen des Vormagens zu; immer fand sie Sandkörnchen, nie Glimmerstückchen. Wo war der Glimmer geblieben? In den Magen weitergewandert? Weshalb aßen die Tiere dieses Mineral? Dieses Problem fesselte mich und blieb wie alles Geheimnisvolle in meinem Unbewussten haften, denn ich wollte logische und klare Erklärungen, wie bei all den Fragen nach dem „Warum", die Kinder so stellen."

Von C. L. Kervran erschienen acht Bücher auf Französisch. Als Zusammenfassungen der acht Bücher sind zwei Übersetzungen in englischer Sprache erschienen.

- Biological transmutations, and their applications in chemistry, physics, biology, exology, medicine, nutrition, agriculture, geology, translation and adaptation by Michel Abehsera. Binghamton, N. Y., Swan House Pub. Co 1972 (Neuausgabe mit zusätzlichem Vorwort by Happiness Press, Magalia, CA, USA 1989, 1998)
- Biological transmutations, revised and edited by Herbert & Elisabeth Rosenauer, London, Crosby Lockwood 1972

Es liegt auch ein unveröffentlichtes Manuskript in deutscher Sprache vor (199 Seiten), welches aus der englischen Sprache übersetzt wurde. Schade, dass es in Deutschland nicht gedruckt wird.

32 Was sind die wesentlichen Vorteile von Naturzeolith in der Haltung der Schweine und Schweinemast?

Bei langzeitiger Verabreichung von 2-4 % Naturzeolith der Gesamtfuttermasse und einer Körnung von 0,5-1,0 mm können in der Zucht folgende Vorteile erreicht werden:

- guter Gesundheitszustand der Tiere
- geringe Ferkelsterblichkeit
- Reduzierung der Aggressivität der Tiere untereinander
- Reduzierung des neurotischen Verhaltens der Tiere, z. B. des gegenseitigen Schwanzabbeißens
- erhöhte Futterverwertung durch die Katalysatorfunktion des Naturzeoliths
- normale Blutwerte
- Dekontaminierung von Giftstoffen und Schwermetallen
- Verkürzung der Mastdauer
- Reduzierung der Verluste beim Transport
- durch Zufuhr von Mineralien Verbesserung der Fleischqualität
- Reduzierung von Erkrankungen

Bei Verwendung zum Einstreuen:

- Reduzierung der Geruchsbelästigung
- Verbesserung des natürlichen Dungs
- Reduzierung von Haut- und Klauenentzündungen

Die angeführten Effekte können Wirkabhängigkeiten ausweisen, z. B. Dosierung (hohe Dosen sind effektiver), Dauer der Verabreichung (Langzeitapplikationen sind wirksamer), vom pH-Wert, vom Eiweißgehalt des Futters, von der Frei- oder Stallhaltung.

33 Welches sind die wesentlichen Vorteile der Anwendung von Naturzeolith bei Milchkühen?

Guter Gesundheitszustand, gemessen an biochemischen und Blutdaten der Tiere:

- gute Knochenmineraldichte
- reduzierte Erkrankungen der Verdauungssysteme
- keine rheumatischen Erscheinungen in den Gelenken der Tiere
- Steigerung der Milchproduktion
- hoher und qualitativ guter Eiweiß- und Fettgehalt der Milch
- gute Futterverwertung
- Reduzierung der Keimzahl in der Milch
- Erhöhung des Mineralgehalts der Milch

Als Streu:

- Reduzierung der Geruchsbelästigung
- Verhinderung der Schimmelbildung
- gutes Stallklima
- Reduzierung der Klauenentzündungen
- Reduzierung der Stallfeuchtigkeit

34 Gibt es Anwendungsbeispiele von Natur-Klinoptilolith-Zeolith im Bereich der Pferdezucht?

Eine interessante wissenschaftliche Arbeit zur Anwendung von Klinoptilolith-Zeolith in der Pferdezucht hat Shagivaleyev [2001] vorgelegt.

Dieser Wissenschaftler untersuchte an 48 laktierenden (milchgebenden) Stuten anhand von Parametern des Immunstatus, der Mikroflora und anderer biochemischer Funktionen die Wirkung von Natur-Klinoptilolith-Zeolith in Kombination mit Propolis sowie mit anderen Naturwirkstoffen. An zehn aufeinanderfolgenden Tagen wurde den Stuten baschkirischer Rasse täglich die Kombination von 60 g/Tier Natur-Klinoptilolith-Zeolith und 250 ml/Tier/Tag Propolis-Lösung appliziert. D. h. die Tagesdosis betrug pro Tier und Tag 120 g Natur-Klinoptilolith-Zeolith und 500 ml/Tier/Tag Propolis-Lösung.

Die Zubereitung von Propolis wurde wie folgt hergestellt: 5 ml eines 20%igen Spiritusextrakts von Propolis wurde mit 1.000 ml abgekochtem, abgekühltem Trinkwasser vermischt. Die Einzeldosis von diesem Gemisch betrug 250 ml. Natur-Klinoptilolith-Zeolith und Propolis wurden dem normalen Futter beigemischt.

Die Vitalparameter untersuchte der Autor aus Proben des Bluts, der Milch und der Fäkalien der Tiere am 15., 30., 45. und 60. Tag nach Beginn der Applikation der Wirkstoffe. Vor der Applikation der Wirkstoffe sind Ausgangswerte bestimmt worden. Es wurden vier Untersuchungsgruppen gebildet: Kontrollgruppe, Natur-Klinoptilolith-Zeolith-Gruppe, Propolis-Gruppe und Kombinationsgruppe (Natur-Klinoptilolith-Zeolith + Propolis).

Einige Beispiele der Untersuchungsergebnisse sind in folgenden Tabellen bzw. Diagrammen dargestellt [nach Shagivaleyev 2001].

Tabelle 3: Zeitlicher Verlauf der bakterioziden Wirkung im Blutserum der Tiere (in CV %), [nach Shagivaleyev 2001]

Versuchsgruppe	statistischer Index	Ausgangswerte	Werte zu verschiedenen Untersuchungszeitpunkten in Tagen			
			15.	30.	45.	60.
Kontrolle	M ± m	42,33 0,30	40,70 0,35	41,40 0,42	39,46 0,54	40,8 0,14
Zeolith	M ± m	40,80 0,37	44,50 0,44	53,43 0,38	64,46 0,27	56,43 0,28
Propolis	M ± m	38,50 0,34	47,56 0,31	58,7 0,85	74,4 0,33	71,6 0,48
Zeolith + Propolis	M ± m	39,43 0,28	48,43 0,27	69,6 0,36	87,43 0,28	76,6 0,34

Tabelle 3: Zeitlicher Verlauf des Vitamin-A-Gehalts in Mikrogramm/l in der Stutenmilch nach 10-tägiger Applikation der Wirkstoffe [nach Shagivaleyev 2001]

Versuchsgruppe	statistischer Index	Ausgangswerte	Werte zu verschiedenen Untersuchungszeitpunkten in Tagen			
			15.	30.	45.	60.
Kontrolle	M ± m	250 1,76	247 1,83	254 1,14	236 0,32	238 2,28
Zeolith	M ± m	234 2,28	239 1,45	252 1,92	246 3,02	257 2,21
Propolis	M ± m	232 3,59	274 3,48	300 5,28	317 2,42	296 1,67
Zeolith + Propolis	M ± m	240 2,21	362 5,86	310 2,81	330 5,62	300 2,47

Abbildung 5: Zeitlicher Verlauf der Lysozymaktivität im Blutserum (in %) der Stuten nach 10-tägiger Applikation der Wirkstoffe [nach Shagivaleyev 2001]

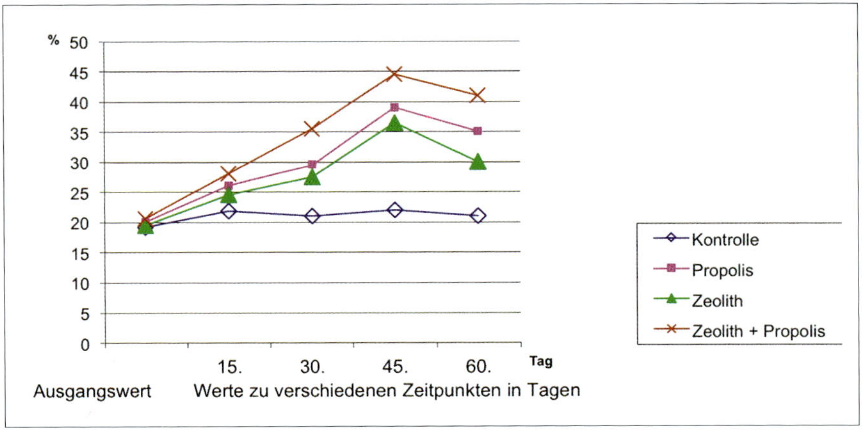

Abbildung 6: Zeitlicher Verlauf der Phagozytoseaktivität der Leukozyten des Bluts der Stuten in % nach 10-tägiger Applikation der Wirkstoffe [nach Shagivaleyev 2001]

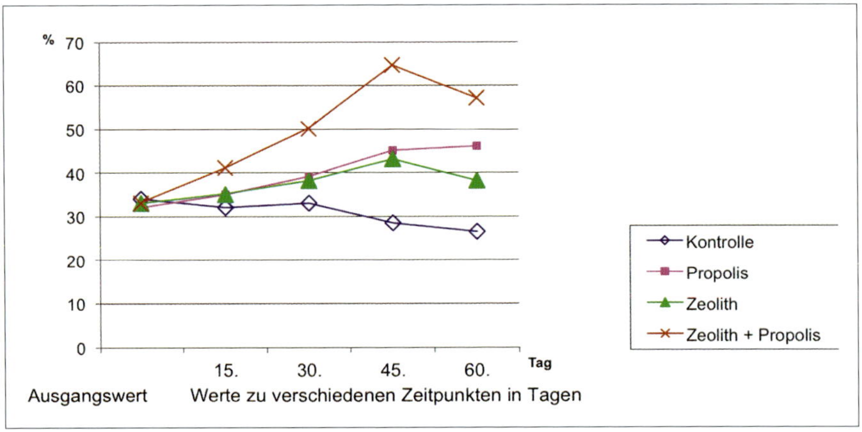

Aus den grafischen und tabellarischen Darstellungen wird ersichtlich, dass die untersuchten Funktionen nach zehntägiger Applikation der oben angeführten Dosierungen von Klinoptilolith-Zeolith und Propolis einen nachhaltigen ansteigenden deutlichen Effekt haben, der größtenteils am 45. Untersuchungstag seine Spitze erreicht. Zu diesem Zeitpunkt ist faktisch der Regenerations- oder Heilungsprozess beendet.

Die alleinige Applikation beider Wirkstoffe zeigte geringere Therapieeffekte als die Applikation beider gemeinsam.

Die Therapieeffekte wurden vor allem nachgewiesen am Ansteigen

- der bakterioziden Aktivität im Blut
- der Lysozymaktivität im Blut
- der phagozytären Aktivität der Leukozyten im Blut
- des Bifidobacteriums und des Lactobazillus im Darm
- des Vitamin A+C-Gehalts in der Milch der Stuten

sowie an der Senkung der Zahl der Staphylokokken im Darm, des Clostridiums und der Candida (Mikropilze).

Der Autor dieser Studie bewertet die Befunde so, dass die verwendeten Wirkstoffe durch Verminderung der Dysbakteriose und Wiederherstellung der Mikrozöonose im Darm, Bedingungen für eine normale Darmfloraentwicklung geschaffen zu haben und dass die angeführten Daten eine Stärkung des Immunsystems belegen. Es wird noch vermerkt, dass die Milchproduktion der Stuten quantitativ und qualitativ (z. B. Erhöhung des Vitamin A- und C-Gehalts) eine Steigerung erfuhren. Das ist auch für die Aufzucht von Jungtieren wichtig.

Hervorzuheben ist, dass in den Untersuchungen an den baschkirischen Stuten die immunkorrigierende Wirkung und die Normalisierung der Darmflora durch Natur-Klinoptilolith-Zeolith und Propolis bereits nach zehntägiger Applikation in Gang gesetzt wurden. Die baschkirischen Pferde aber sind eine robuste Rasse – die in Westeuropa gehaltenen Pferde nehmen möglicherweise eine längere Applikationszeit in Anspruch. Da der prolongierte Effekt von Zeolith auch in anderen Anwendungen beobachtet worden ist, sollte er aber Beachtung finden.

35 Kann Naturzeolith noch mit anderen Naturstoffen an Tiere gefüttert werden?

Die Kombination von Naturzeolith und Propolis zeigte einen sich gegenseitig verstärkenden regulatorischen Effekt im tierischen Körper.

Naturzeolith hat auch einen sich gegenseitig verstärkenden Effekt mit Montmorillonit, z. B. in einem Verhältnis Naturzeolith zu Montmorillonit von 50 zu 50 oder 70 zu 30

Prozent. Bei der Kombination dieser beiden Silikate ergänzen sich Ionenaustausch und Adsorption, so dass der Detoxikationseffekt im tierischen Körper effektiver und sicherer wird.

Die Kombination von Naturzeolith und Luzerne oder Lupine kann die Eiweißbildung im tierischen Körper qualitativ und quantitativ erhöhen. Auch Kombinationen mit Vitamin A und C sind möglich.

36 Welches sind die neuesten Unbedenklichkeitsdokumente der EU zur Verwendung von Natur-Klinoptilolith-Zeolith in der Tierzucht?

Gemäß Durchführungsverordnung der EU (Nr. 631/2013, Änderung der EG-Verordnung Nr. 1810/2005) vom 09. Juli 2013 als Klinoptilolith sedimentären Ursprungs zugelassen als Zusatzstoff in Futtermitteln für alle Tierarten.

37 Gibt es Tagesdosisempfehlungen für die Applikation von Naturzeolith?

Nachfolgend einige Beispiele aus der russischen Landwirtschaft:

- **Pferd, Kuh (Normalgröße):** 250 g/Tag Klinoptilolith-Zeolith zum Beifutter, ca. 95 kg/Jahr Klinoptilolith-Zeolith
- **Schwein:** 66 g/Tag, ca. 24 kg/Jahr Klinoptilolith-Zeolith
- **Hunde, Katzen, Kleintiere:** 3 g/Tag/ pro kg Körpergewicht Klinoptilolith-Zeolith

Diese Dosierungen sollten als Orientierungswerte gelten. Individuelle Besonderheiten sind zu berücksichtigen. [Yakimov 2001].

38 Gibt es Erfahrungen über den ökonomischen Nutzeffekt von Klinoptilolith-Zeolith in der landwirtschaftlichen Tierzucht und Tiermedizin?

Ja, nach Angaben in russischen wissenschaftlichen Arbeiten erbringt eine Einheit Naturzeolith einen ökonomischen Effekt von 3–10 Einheiten in der Tierzucht. Yakimov berichtet von einem ökonomischen Effekt bei Mastjungbullen von 1:6,8 [Yakimov 1998].

39 Wird Klinoptilolith-Zeolith auch bei trächtigen Tieren verabreicht?

Ja, in diesen Fällen sogar in einer erhöhten Dosierung als im normalen Fall; ca. 4 % des Gesamtfutters mit gutem Erfolg. Auch laktierende Tiere erhalten Zeolith als Beifutter [Shagivaleyev 2001]. Wildtiere, z. B. Bären, erhöhen ihren Naturzeolithverbrauch von der Brunstzeit bis zum Ende der Laktationszeit.

40 Warum wird ein Regulator des Mineralstoffwechsels benötigt?

Die meisten Mineralien, die mit dem Futter zugeführt werden, werden wieder ausgeschieden, weil sie im Darm nicht absorbiert werden, d. h. weil sie nicht über das Blut in den Stoffwechsel gelangen.

Diese Erscheinung ist besonders ausgeprägt, wenn der Darm entzündet ist oder wenn Gärungs- oder Fäulnisprozesse vor sich gehen. Folglich muss die Adsorption (Anreicherung) und die Resorption (Aufsaugung), z. B. vom Darm ins Blut, gewährleistet werden.

Biochemisch wird unter Absorption die Aktivierung, z. B. von Enzymen, oder die Aufnahme von bioaktiven Stoffen durch Oberflächen vergrößernde aktive Stoffe verstanden. Die Absorbentien bringen die entsprechenden Stoffe in die Nähe des Wirkungsfelds und erhöhen den positiven Effekt.

Adsorbenzien sind Stoffe, die gelöste, disperse oder gasförmige Substanzen (Stoffe) zu binden vermögen. Adsorbenzien sind Stoffe mit einer großen Oberflächenvergrößerungswirkung, z. B. Aktivkohle, Tonerde, **disperses Silizium**, Kaolin, **Klinoptilolith-Zeolith** und **Montmorillonit**.

Silizium und siliziumhaltiger Natur-Klinoptilolith-Zeolith vermögen die Adsorptions-Oberflächen im Darm um das 300fache zu vergrößern. Natur-Klinoptilolith-Zeolith hat auch noch zusätzlich die Eigenschaft des selektiven Ionenaustausches.

41 Was bewirkt Zeolith im Darm von Nutztieren?

Nachfolgend werden die Wirkungen von Zeolithen im Verdauungstrakt der Nutztiere angeführt, die verschiedene Autoren erzielten:

- allgemeine Stabilität der Funktionen der Darmtätigkeit
- Ausleitung von Schadstoffen

- Entfernung von Gärungs- und Fäulnisprodukten (feste und gasförmige), die vor allem im Pansen von Wiederkäuern entstehen (Ammoniakbindung)
- Verbesserung des Zustands der Schleimhäute von Dick- und Dünndarm
- ausgeglichene Darmperistaltik und Formierung eines festen Kotes
- Erhöhung der Verdaulichkeit des Futters und Aneignung der Nährstoffe, woraus eine schnelle Gewichtserhöhung (Massezunahme der Tiere) erfolgt
- bessere Resorption von Mineralien
- bessere Aneignung der Aminosäuren und des Eiweißfutters
- Aufrechterhaltung der Säure-Basen-Balance

[Račikov 1999; Kusnezov et al. 1993; Dawkins und Wallace 1990; Pond et al. 1988]

42 Welche Arten von Beziehungen bestehen zwischen Menschen und Tieren?

Abbildung 7: Beziehungen zwischen Menschen und Tieren

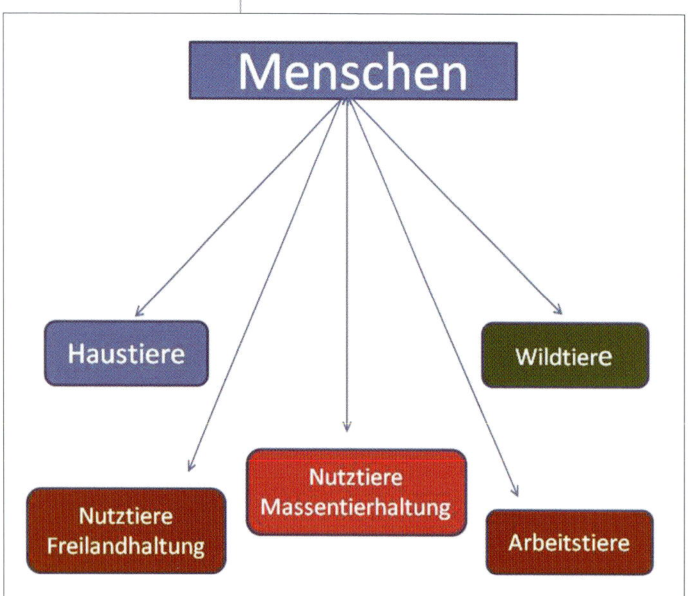

Global gesehen hat der Mensch zum Haustier die besten Kontakte, die oft sehr individuell emotional sind.

- Wildtiere werden einerseits bewundert, andererseits geschossen.
- Arbeitstiere (einschließlich Sport und Dressur) werden vom Menschen schamlos ausgebeutet.
- Die Nutztiere erfahren vom Menschen die schlechteste Behandlung. Die Nutztiere in der Massentierhaltung unterliegen einer dauerhaften Tierquälerei in den verschiedensten Varianten. Damit muss so schnell wie möglich Schluss gemacht werden.

Achtung vor dem Leben muss vor der Ökonomie stehen. Das Leben der Nutztiere in der Massentierhaltung könnte durch Verwendung von Naturzeolith zumindest eine Erleichterung erfahren.

43 Naturzeolith soll gegen Pilzgifte präventiv wirken. Was sind Aflatoxine?

Aflatoxine sind Pilzgifte (Mykotoxine). Sie wurden erstmals im Schimmelpilz nachgewiesen. Dieser hat die wissenschaftliche Bezeichnung Aspergillus flavus. Aus dieser Bezeichnung wurde die Abkürzung A-fla gebildet. Aflatoxine (Mykotoxine) kommen in verschiedenen Pilzarten vor.

Es soll 20 verschiedene Arten von Aflatoxinen geben. Sie können mit Futter (pflanzliche Nährstoffe) die Tiere infizieren. Die in pflanzlichen Futtermitteln vorkommenden Aflatoxine tragen die Zusatzbezeichnung B1, B2, G1 und F2. Die in der Milch vorkommenden Aflatoxine haben die Zusatzbezeichnungen M1 und M2. In den letzten Jahren wurden Aflatoxine in Futtermitteln, Getreide, Mais, Heu und Stroh nachgewiesen. Öffentlich wurde 2013 ein Aflatoxinskandal: Serbischer Mais war aflatoxinbelastet [Pressemitteilung 2013].

Aflatoxine haben hepatoxische (lebervergiftende) Wirkungen und verursachen eine Leberschrumpfung. Dieser Toxineffekt kann schon bei Zufuhr von geringen Dosen auftreten. Auch karzinogene Wirkungen wurden bei wiederholter Aufnahme bei Säugetieren, Vögeln und Fischen durch Aflatoxine nachgewiesen. Vor allem aber wird das Immunsystem von Aflatoxinen geschwächt. Schimmelpilze können sich sehr schnell vermehren.

Nutztiere leiden bei aflatoxinbelasteter Futterzufuhr durch Reduktion der erreichten Körpergewichtszunahme, reduziertem Knochenaufbau, Durchfall sowie Leber- und Nierenschäden. Diese Erscheinungen können bei allen Nutztieren, z. B. bei Schweinen, Rindern, Schafen und Geflügel, auftreten.

In der Tierhaltung ist diese Gefahr schon seit Langem bekannt. Deswegen wurde Naturzeolith schon vor mehr als 35 Jahren effektiv zur Prävention und Therapie gegen Aflatoxine eingesetzt.

44 Gibt es lokale Nachweise von radioaktivem Cäsium als Folge der Reaktorkatastrophe von Tschernobyl in Deutschland?

Am 20.11.2014 veröffentlichte das Umweltinstitut München e.V. (Newsletter) erschreckende Daten über gemessene radionuklidkontaminierte Waldfrüchte und Wildschweine in Bayern. Die Ergebnisse sind in Landkarten von Bayern übersichtlich dargestellt. Nachgewiesen wurde radioaktives Cäsium[137], welches mit höchster Wahrscheinlichkeit dem Super-GAU des Reaktors des AKW Tschernobyl aus dem Jahr 1986 entstammt. Man kann davon ausgehen, dass Menschen, die diese Waldfrüchte und/oder Wildschweinbraten verspeisen, sich der Gefahr niedrig dosierter radioaktiver Schäden (stochastische radioaktive Effekte) aussetzen. Das heißt, die Folgen geringer Mengen mit der Nahrung aufgenommenen Cäsiums könnten sich erst nach Jahren oder Jahrzehnten in Form von Krebserkrankungen zeigen [Pflugbeil et al. 2011].

Diese Daten wurden von engagierten Bürgern zusammengestellt Dabei handelt es sich um eigene Messungen dieser Bürger oder von bayrischen Jägern gemessene Daten, die diese der Bürgerinitiative zur Verfügung gestellt haben.

Es ist lobenswert, dass beherzte Bürger und Jäger die schlimmen Folgen der Tschernobylkatastrophe (wenn auch noch nicht flächendeckend) überzeugend darstellen. Eigentlich hätten derartige Messungen von staatlichen Umweltbehörden durchgeführt werden müssen. Wie das Münchener Umweltinstitut mitteilte, hat das bayrische Umweltministerium es abgelehnt, diese Daten zu veröffentlichen.

Der Einsatz der Naturzeolithe in der Nutztierhaltung bietet auf jeden Fall einen großen Schutz gegen „strahlende“ Nahrungsprodukte. Das zeigen die Erfahrungen von Tschernobyl und auch die wissenschaftlichen Arbeiten von westlichen Autoren, z. B. von Mima [1970], Vogt [1993], Unworth et al. [1989] und Ahman [1996].

45 Warum lenken Sie wiederholt die Aufmerksamkeit auf die Gefahr der Radionuklide und ihre Adsorption mittels Naturzeolith?

Im Umweltgiftreport 2015 werden Vergiftungen mit Radionukliden weltweit an zweiter Stelle nach Blei angeführt. Atomkraftwerke (AKW) sind heute nicht sicher, z. B. Tihange 2 und Doel 3 in Belgien. Prävention mit Naturzeolith und Montmorillonit sollte meines Erachtens daher gesetzlich festgelegt werden.

Bei Wildschweinen in den Wäldern von Bayern und Thüringen ist radioaktives Cäsium festgestellt worden. Folgende Pressemitteilungen sollen diese Frage beantworten.

„Viele Wildschweine in Thüringens Wäldern sind mit radioaktivem Cäsium belastet – eine Spätfolge des Reaktorunfalls in Tschernobyl vor 28 Jahren. Wer Wild liebt, sollte also nicht unbedingt auf Wildschwein zurückgreifen – die Tiere sind besonders stark belastet.

28 Jahre nach dem Atomunfall von Tschernobyl sind in Thüringen etliche Wildschweine noch immer so sehr verstrahlt, dass ihr Fleisch nicht verkauft werden darf. Voriges Jahr wurden laut Gesundheitsministerium

586 erlegte Tiere untersucht und bei fast jedem zehnten der Grenzwert von 600 Becquerel pro Kilogramm überschritten. Ein Ende des Problems sei nicht abzusehen, da sich die Cäsium-Belastung nur alle 30 Jahre halbiere, sagte die Leiterin des Referats für Lebensmittelüberwachung, Karin Schindler, der Nachrichtenagentur dpa."

„...Untersucht werden aber nicht alle geschossenen Wildschweine. Vielmehr gibt es ein abgestuftes System mit Schwerpunktgebieten, in denen alle Tiere getestet werden müssen, Jagdbezirken, in denen nur Stichproben von jedem fünften Tier untersucht werden und den übrigen Landesteilen mit noch kleineren Stichproben, erläuterte Schindler." [dpa/Patrick Pleul: „Achtung, radioaktives Wildschwein! In Thüringen sind viele der Tiere radioaktiv belastet". Gesundheit, Focus Online, Nachrichten, 16.08.2014]

Spätestens seit der Reaktorkatastrophe von Tschernobyl 1986 ist bekannt, dass Naturzeolith Radionuklide binden kann. In Tschernobyl wurden zirka 500.000 Tonnen Naturzeolith zur Schadenbegrenzung eingesetzt. Naturzeolith sollte daher in den Wäldern gestreut oder als Suspension versprüht werden.

46 Wie soll ein Präventionsprojekt mit Naturzeolith und Montmorillonit für jedes AKW aussehen?

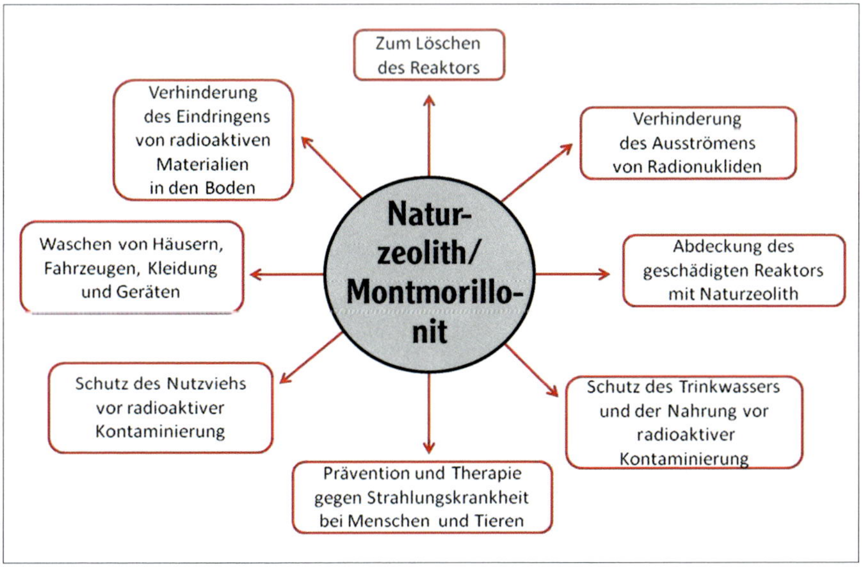

Abbildung 8: Vorschlag eines Präventionsprojektes mit Silikaten für jedes AKW.

47 Kann oxidativer Stress auch bei Haus- und Nutztieren vorkommen?

Haus- und Nutztiere sind den Faktoren, die oxidativen Stress auslösen, genauso ausgesetzt wie die Menschen. Der häufige Nachweis von Zivilisationskrankheiten, vor allem bei Haustieren, ist dafür einer von zahlreichen Beweisen.

Oxidativer Stress ist eine Störung der Sauerstoffverarbeitung im menschlichen Organismus, wobei überschüssige Sauerstoffradikale gebildet werden. Sauerstoffradikale sind ionisierte Sauerstoffmoleküle, die aus der Kontrolle der normalen Körperfunktionen geraten sind und sehr aggressiv gegen die eigenen Zellen und sogar gegen die Erbsubstanz vorgehen können. Diesen Vorgang bezeichnet man als oxidativen Stress.

Als Hauptverursacher des oxidativen Stresses, der sich häufig mit nitrosativem Stress (NO-freie Radikale) verbindet und infolgedessen noch aggressivere Wirkungen gegen diese Zellen, besonders gegen die Nervenzellen des menschlichen Körpers, auslöst, gelten schädliche Umwelteinflüsse. Das wurde in sehr vielen wissenschaftlichen Arbeiten nachgewiesen.

Als Beispiele sollen folgende Umweltverschmutzungen angeführt werden:

- Verbrennungsabgase: Rauch und Rußpartikel, Schwefeldioxid (SO_2), Kohlenmonoxid (CO), Stickoxide (NO und NO_2), Blei, Polychloride, Dioxin, Furane, Bisphenol A, Phthalate und viele andere.
- Strahlungen: zum Beispiel UV-Strahlung, radioaktive Strahlung, Radionuklide, Mikrowellenstrahlungen.
- Autointoxikation (Selbstvergiftung) des Menschen: Nikotin, Alkohol.
- Hormonbehandlungen, Medikamente
- Krankheiten, z. B. Diabetes mellitus, Karzinome

Abbildung 9: Strahlungen aller Art generieren oxidativen Stress bei Menschen und Tieren

Der oxidative Stress = permanenter Überschuss an freien O_2-Radikalen ist ein erheblicher Störfaktor aller Lebensprozesse.

Der oxidative Stress kann in Blut und Speichel gemessen werden. Wenn dauerhaft oder längere Zeit Naturzeolith verabreicht wird, kann der oxidative Stress verhindert werden und der Sauerstoffverarbeitungsprozess in normalem Zustand bleiben.

48 Es wird im ersten Teil dieses Buchs behauptet, dass Naturzeolith die Gebärparese bei Kühen heilen kann. Was ist das, die Gebärparese?

Die Gebärparese, auch als Milchfieber oder Kalbefieber bezeichnet, ist eine Erkrankung, die zur Zeit des Kalbens, d. h. zur Zeit der Entbindung des Kalbs bei der Kuh auftritt. Die Kühe liegen fest in der Brustlage mit dem Kopf an der Brustwand und bewegen sich nicht. Die Ursache ist ein Mangel an Kalzium im Blut der Tiere. Sie gilt als die häufigste Erkrankung in der Milchviehwirtschaft.

Es wurde festgestellt, dass mit steigender Milchleistung der Einzelkuh die Häufigkeit der Kühe ansteigt, die an der Gebärparese erkranken. Der Kalziummangel soll deshalb auftreten, weil die Vorräte an Kalzium im Körper nicht ausreichen, die zum Gebärzeitpunkt auftretende große Milchmenge mit Kalzium zu versorgen, und der Kuh alles Kalzium aus dem Körper entziehen.

Aus diesem Verursachungsmechanismus lässt sich auch die präventive oder therapeutische Wirkung des siliziumreichen Naturzeoliths erklären.

Es ist heute eine sichere Erkenntnis, dass Kalziummangel immer mit Siliziummangel im Körper von Säugetieren (einschließlich Mensch) einhergeht. Der Körper der Säugetiere benötigt zur Kalziumversorgung unbedingt Silizium. Dieses fehlt den heutigen Kühen, weil ihnen in der Massentierhaltung die Pharmakognosie (Selbstmedikation) durch Geophagie mit siliziumhaltigen Erden entzogen wurde. Durch Kunstdünger usw. ist auch häufig das Futter siliziumarm. Der Versuch, die Gebärparese mit Vitamin D3 zu behandeln, wird aufgrund von Erfahrungen in der Humanmedizin [Jugdaoshing 2007] keine durchschlagenden therapeutischen Erfolge zeigen.

Deshalb ist allen Tierhaltern und Landwirten zu empfehlen:

1. Sicherung der Pharmakognosie (Selbstmedikation) der Tiere durch Dauerverabreichung von Naturzeolith oder Montmorillonit/Bentonit. Das wäre die optimale Lösung
2. Den trächtigen Tieren mindestens 4 Wochen vor dem Kalbentermin die Menge 3-5 % des Futteranteils mit Naturzeolith (angefeuchtet, besser als Suspensionsgetränk) täglich zu verabreichen. Den gleichen Effekt hat auch Montmorillonit (Bentonit).

Mit der Verabreichung der Aluminiumsilikate wird auch das möglicherweise gestörte Säure-Basen-Gleichgewicht wieder hergestellt. Die Krankheit mit Kalziumzufuhr heilen zu wollen kann den Zustand der Tiere nur verschlechtern.

Infolge dieser Maßnahmen (bei entsprechender Qualität der Silikate) sollte die Gebärparese nicht auftreten.

49 Es wird berichtet, dass Naturzeolith bei Ketose der Kühe erfolgreich zur Behandlung eingesetzt wurde. Was ist die Ketose?

Die Ketose wird auch als Acetonämie = Aceton im Blut bezeichnet. Aceton ist ein fehlgesteuertes Stoffwechselendprodukt. Ketose kommt beim Menschen in Verbindung mit Diabetes mellitus 1 vor, führt zur Appetitlosigkeit, Erbrechen und völligem Energieverlust.

Bei Kühen entsteht die Ketose, wenn eine negative Energiebilanz entsteht. Da die Kühe in ihrer Milchleistung überfordert werden, tritt diese krankhafte Erscheinung häufiger auf. Die Ketose tritt bei zirka 30 % aller Milchkühe in der Frühperiode der Milchproduktion nach dem Kalben auf. Häufig wird dieser Energiemangel zu dieser Zeit nicht erkannt. Die Symptome sind: Fressunlust, rapider Gewichtsverlust, träges, schlappes Verhalten, Acetongeruch in der Atemluft (riecht wie Apfelessig), Schreckhaftigkeit der Tiere, manchmal aggressives Verhalten. Funktionell entwickelt sich ein Teufelskreis. Dieser beginnt mit dem Trockenstellen der überforderten Kuh vor dem Kalben. Nach dem Kalben entsteht die beschriebene negative Energiebilanz mit Stoffwechselstörungen. Daraus ergibt sich das Fettlebersyndrom mit Schwächung der Immunabwehr. Dabei geht die Futteraufnahme zurück, womit weitere Stoffwechselstörungen auftreten. Man versucht diese Kühe mit Glukoseinfusionen und verschiedenen Medikamenten mehr oder weniger erfolgreich zu behandeln.

Aus meiner Sicht ist die Ketose bei den Kühen das Ergebnis einer profitgierigen Tierquälerei infolge der dopingähnlichen Fütterung. Mit Naturzeolithfütterung könnte das Leben der Kühe gesünder und für die Tiere erträglicher verlaufen.

50 Warum kann Naturzeolith bei einer Kuhketose wirksam werden?

Zunächst vermag Naturzeolith, ähnlich wie beim menschlichen Diabetes mellitus, den oxidativen Stress und die damit verbundene Mitochondropathie (Störung des Energiestoffwechsels in den Mitochondrien) zu kompensieren. Auch das Säure-Basen-Gleichgewicht wird wieder hergestellt.

Durch diese Multifunktionalität des SiO_2 kann demnach unter anderem Folgendes bewirkt werden:

1. Die extrazelluläre Matrix als Hauptfunktionsbereich des SiO_2
2. Die Erstellung, die Gewährleistung und das Schützen der Zellmembran

3. Die intrazelluläre Flüssigkeit unter Nutzung der Atmungskette
4. Über die Atmungskette Eindringen in die Mitochondrienmatrix
5. Die Genregulation
6. Die Immunregulation

Bei den peri- und intrazellulären Vorgängen ist wichtig zu wissen, dass SiO_2 zu jeder Zeit und an jedem Ort in der Lage ist, Phosphorverbindungen zu verdrängen.

Folgender Ablauf wäre bei peri- und intrazellulären Vorgängen denkbar [Voronkov et al. 1975; Schwarz 1973]:

„Das Silizium gelangt in Form von SiO_2-Ionen oder in Form einer Verbindung mit Phosphoglyzerinaldehyd in die Zellwände. Dort wird es teilweise in Mineralform eingebaut, zum größten Teil jedoch über Stickstoffatome (d. h. über SiO_2-N-Verbindungen) an Proteine, Aminosäuren oder Glykoproteine gebunden. Gleichzeitig gelangt ein Teil des Siliziums in Form von SiO_2-Ionen in die intrazelluläre Flüssigkeit. Im Weiteren verbindet sich ein Teil des von den Zellwänden adsorbierten Siliziums mit Kohlenhydraten (über Si-O-C-Verbindungen), der Rest mit anderen Bestandteilen der Zellen. Dabei kann Phosphor durch Silizium ersetzt werden, wobei die bei der Spaltung der energiereichen Phosphate freiwerdende Energie unmittelbar zur Bindung des Siliziums genutzt wird. Wenn die Konzentration der Silizium-Zucker-Ester eine bestimmte Höhe erreicht, gelangen sie in die intrazellulären Flüssigkeiten, wobei auch der zuvor direkt aufgenommene Anteil anorganischer Siliziumverbindungen an Zucker gebunden wird."

„Wie Versuche zeigten, beruht der Prozess der Aufnahme des Siliziums (das als SiO_2-Anion adsorbiert wird) auf den gleichen allgemeinen Prinzipien wie die Aufnahme von Ca^{2+}, Sr^{2+}, Mg^{2+} oder PO_4^{3-}–Ionen."

Die Aufnahme des Siliziums erfolgt über die Atmungskette zur Mitochondrienmatrix.

Dieser Prozess verläuft in zwei Stufen: In der ersten Stufe wird das Substrat oxydiert, in der zweiten erfolgt eine Anreicherung des Substrats, wodurch der Austausch von Phosphor gegen Silizium begünstigt wird. SiO_2 kann Phosphor aus einer Reihe von Verbindungen, z. B. aus der Ribonukleinsäure und möglicherweise auch dem ATP-ADP-Zyklus, verdrängen [Schwarz und Milner 1972].

Über die Genregulationen des Siliziums wird u. a. von Oschilewski et al. [1985] und von Charlton et al. [1985] berichtet. Aus diesen Arbeiten ist zu entnehmen, dass SiO_2 mit bestimmten Signalisierungen die Gentransaktivation stimulieren und die Regulierung bestimmter Proteinkinasen mittels Deaktivierung und Aktivierung vorzunehmen vermag.

Von einer japanischen Gruppe [Ueki et al. 1994] wurde in entsprechenden immunologischen Untersuchungen eine polyclonale Aktivierung der T-Zellen durch Silikate beobachtet.

Aus meiner Sicht ist die Behandlung der Ketose der Kühe mit Naturzeolith die realste Therapieform. Präventiv sollte man aber beachten, dass die Kühe nicht mit Milchleistung überfordert werden, auch bei gleichzeitiger Fütterung von Naturzeolith.

51 Was ist die Zoopharmakognosie?

Als Zoopharmakognosie wird eine Verhaltensweise bei im Freien lebenden Wild- und Nutztieren bezeichnet. Sie ist eine „Selbstmedikation" durch Fressen von siliziumreichen Erden (Ton, Lehm, Löss). Dabei gehen die Tiere wählerisch mit dem Fressen (oder Saufen) dieser Erden um.

Die Zoopharmakognosie ist aber nicht nur eine Selbstmedikation, sondern eher ein instinktives Bedürfnis, dem Körper ausreichend Silizium und andere Mineralien zuzuführen. Im fernen Osten Russlands wurde beobachtet, dass Tiere vor allem siliziumhaltige Mineralien der Zeolith-Gruppe (z.B. Klinoptilolith, Heulandit, Montmorillonit) sowie tonartige Stoffe und kolloidales Silizium enthaltende Wasser mit milchartigem Aussehen, die sich in Flussbetten oder Bächen und Seen befinden, bevorzugen. Diese Geophagie wurde bei Wildtieren und bei im Freien befindlichen Haustieren (Kühe, Schafe, Ziegen, Vögel, Hühner, Gänse, Enten) beobachtet. Die am Boden von Gewässern befindliche „Tonmilch" wird von den Tieren mit den Pfoten aufgerührt, damit im Wasser eine gute Mischung entsteht, und dann getrunken.

Dies konnte ich persönlich beobachten, als in der Westtürkei im Sommer ein rotertonhaltiger Boden bewässert wurde. Auf diesem Acker befanden sich drei Pferde und zwei Esel. Als das klare Wasser in den dazu hergerichteten Rinnen floss, tranken die Tiere nicht das klare Wasser, sondern verrührten es mit einem Vorderbein zu einer „Suspension", d. h. einer suppigen Flüssigkeit. Erst danach tranken die Tiere dieses „Wasser". Besonders intensiv wird die Geophagie in der Brunstzeit von Tieren beider Geschlechter und während der Trächtigkeit und Laktationsperiode von den weiblichen Tieren betrieben.

Alle von den Tieren instinktiv aufgenommenen Tonmineralien bzw. Tonmilch wiesen Ionenaustausch- und Sorptionseigenschaften auf. Neben den Silikaten und dem kolloidalen Silizium enthielten sie alkalische (Na, K) und erdalkalische Elemente (Mg, Ca, Ba) sowie verschiedene Spurenelemente.

Leider verwehren die Besitzer der Massentierhaltung den Nutztieren (Rinder, Schweine, Schafe, Ziegen, Geflügel) die natürliche Selbstmedikation durch Geophagie. Die Folge sind kranke Tiere. Diese werden mit Massen von Antibiotika „verseucht" und nicht etwa nur behandelt, wie mir Veterinärmediziner berichteten, sondern auch noch zur Wachstumsförderung angeregt. Die Folge davon sind antibiotikaresistente Krankheitserreger.

Das Entziehen siliziumdioxidhaltiger Erden, z. B. Naturzeolith, macht die Tiere nicht nur krank, sondern verursacht auch Tierprodukte minderwertiger Qualität, z. B. fehlen wichtige Mineralien und Eiweißverbindungen. Ich halte es für meine ärztliche Pflicht, in diesem Zusammenhang aufzuklären, was antibiotikaresistente Keime bedeuten. Sie bedeuten Krankheiten mit tödlichem Ausgang bei Menschen und Tieren. Es ist ein zunehmendes, sich verstärkendes Weltproblem.

52 Warum wird Silizium als das zweithäufigste Element auf unserem Planeten genannt?

Nach dem Sauerstoff ist das Silizium (als Silikat und Siliziumdioxid vorkommend) das zweithäufigste Element unseres Planeten. Auch im Universum nimmt es eine vorrangige Stellung ein. Nach den Elementen H, He, O, Ne, N, C steht Si an siebter Stelle vor Mg, Fe, S, Ar und Al. Die Gesteine des Monds, die mit der Rückkehrsonde Luna 16 zur Erde gebracht worden sind, enthalten 41 % SiO_2.

Die Erdkruste soll zu 75 % aus Silikaten und zu 12 % aus Kieselsäure (SiO_2) bestehen. Insgesamt sind 800 verschiedene Siliziumverbindungen gefunden worden. Zu den Kieselsäureverbindungen SiO_2 zählen Quarz, Bergkristall, Amethyst, Rauchquarz, Morion, Citrin, Rosenquarz, Kieselgur, Basalt, Glimmer, Feldspat, Opal, Olivin u. a. Der Übergang zwischen Lithosphäre und Biosphäre ist bekanntlich der Erdboden. Er ist die fruchtbarste Oberflächenschicht des Festlands unseres Planeten und wird als verwittertes Gestein bezeichnet. Der Boden ist die oberste belebte Verwitterungsschicht der Geosphäre. Die so genannten schweren Böden mit feinkörnigem Ton und Lehm und somit SiO_2 gelten als die fruchtbarsten. Die leichten Böden sind Sandböden. Sie enthalten ebenfalls Ton, Quarz bzw. Kieselsäure (SiO_2), aber grobkörnig. Den SiO_2-Reichtum der Erdkruste erklärt die unter Wild- und freilebenden Nutztieren verbreitete Zoopharmakognosie.

Abbildung 10: Rauchquarz: Ein SiO_2-kristallhaltiges Gestein

53 Worin besteht die Einzigartigkeit der Silizium-(SiO_2) wirkung im Organismus von Säugern

Silizium (SiO_4 und SiO_2) hat für den menschlichen und tierischen Körper eine Reihe einzigartiger Wirkeigenschaften, die es von anderen Mineralien beträchtlich, aber vorteilhaft unterscheidet. Die Aluminiumsilikate Klinoptilolith-Zeolith und Montmorillonit sind für Menschen und Tiere SiO_2-Geber.

Erstens: SiO_2-Mineralien sind biogen geprägt

SiO_2 und ähnliche Silikate spielen im „Kreislauf des Lebendigen" eine bedeutende Rolle [Rusch 2004]. Sie üben in der Natur und im menschlichen Körper physikalische und kolloidchemische Funktionen aus. Die kristalline Struktur der SiO_2-Moleküle gewährleistet funktionell ein offenes System, dass jedem Lebewesen eigen ist und mit seiner natürlichen, sozialen und künstlichen Umwelt ein geschlossenes System bildet. Als offenes System können diese kristalline $nSiO_2$-Strukturen, ohne Veränderung ihres eigenen Ordnungsgefüges, bestimmte Elemente abgeben und aufnehmen, in gleicher Weise, wie es von lebenden Systemen bekannt ist. Kieselsäurekristallen wird daher ein Ordnungsgefüge zugesprochen, wie es vergleichbar für lebende Substanzen typisch ist [Rusch 2004]. Sie sind biogen geprägt. Infolgedessen haben sie regulative, informationsfunktionelle und heilende Eigenschaften im lebenden Organismus.

Zweitens: SiO_2-Mineralien haben eine wesentliche Rolle bei der Entstehung der Prototypen des Lebens auf unserem Planeten gespielt

Die Beteiligung siliziumhaltiger Tonmaterialien bei der Entstehung des Lebens auf der Erde wird von zahlreichen Autoren vertreten und in Modellen experimentell belegt.

Als eine von zahlreichen Theorien möchte ich zum Beispiel die Adsorptionstheorie vorstellen. Die besondere Fähigkeit der Kieselsäure (SiO_2) und der Silikate, Aminosäuren, Kohlenwasserstoffe und Naturstoffe zu adsorbieren, führte zu der Vorstellung, dass Siliziumverbindungen nicht nur bei der Entstehung des Lebens, sondern auch bei der Weiterentwicklung der Protoorganismen eine herausragende Rolle gespielt haben.

Im Zusammenhang mit dieser Vorstellung wurde experimentell nachgewiesen, dass ein auf Kaolinit oder Bentonit adsorbiertes Protein besonders leicht von Bakterien aufgenommen wird. Des Weiteren konnte experimentell festgestellt werden, dass die Adsorption von Nahrungsstoffen an Tonoberflächen Wachstum und Entwicklung von Bakterien beschleunigt.

In vielen weiteren Arbeiten konnte nachgewiesen werden, dass Kieselsäure, die sich in Anwesenheit einer bestimmten organischen Verbindung bildet, nach der Entfernung dieser organischen Verbindung ein spezifisches, für die jeweilige organische Verbindung geltendes Adsorptionsvermögen besitzt.

Dies bedeutet, dass sich im Gegensatz zu anderen in der Natur vorhandenen anorganischen Stoffen bei der Kieselsäure (SiO_2) ein Gedächtnis herausgebildet hat [Voronkov et al. 1975]. Diese Gedächtniseigenschaft soll sich durch „Abdrücke“ oder „Matrizen“, die an der Oberfläche der Kieselsäure (SiO_2) durch die Moleküle des organischen „Musters“ in Form deren geometrischer Molekülform hinterlassen werden, reflektieren.

In diesem Zusammenhang soll erwähnt werden, dass in der Schöpfungslehre der Religionen Ton (oder Erde) als wesentlicher Fakt der Entstehung des Menschen beschrieben wird: „Da nahm Gott, der Herr, Ton* von der Erde, formte daraus den Menschen und blies ihm den Lebensatem in die Nase. So wurde der Mensch ein lebendes Wesen.“ [1. Buch Mose 2, 7]

* in manchen Übersetzungen steht Lehm oder Staub

Drittens: SiO_2 in den Genen von Menschen und Tieren

Die Auffassung, dass Silizium in die Genexpression involviert und an der DNS-Synthese wesentlich beteiligt ist, wird von zahlreichen Wissenschaftlern vertreten. Volcani [1986] vertritt die Auffassung, dass es siliziumabhängige Gene gibt und dass Silizium essentiell für das AMP-Zyklensystem ist und die Replikation (Erneuerung) der AMP-Zyklen gewährleistet. In diesem Zusammenhang ist die Arbeit von Oschilewski et al. [1985] zu erwähnen, die feststellten, dass Siliziumpartikel mittels Signalen die Gentransaktionen zu stimulieren vermögen. Hierbei sollen Genkristalle aus SiO_2 eine Rolle spielen. Das SiO_2-Molekül ist kristallin.

Viertens: SiO_2 vermag Schwingungen (Frequenzen) auszustrahlen und Bioresonanz zu erzielen

Mittels der SiO_2-haltigen Quarzkristalle können in einem bestimmten Schwingungszustand Hochfrequenzwellen, z. B. Funkwellen ausgestrahlt werden. Des Weiteren verfügen Quarzkristalle über eine vortreffliche Speicherkapazität für Informationen. Deshalb werden sie bei der Herstellung von Mikrochips verwendet. Ohne Silikatkristalle würde kein Computer funktionieren. Quarz besteht aus kristallinen SiO_2-Molekülen. Das SiO_2-Molekül ist wie Quarz kristallin und hat damit die gleichen Eigenschaften.

Daraus wird verständlich, dass es, wie bei der Quarzuhr, moglich ist, über elektrisch stimulierte Quarzkristalle Schwingungen auf den lebenden Körper zu senden und so eine Bioresonanz mit den Körperfrequenzen herzustellen. Da Mensch und Tier elektromagnetische Wesen sind, können schwingende Funktionen von großer Vielfalt hervorgerufen werden. Mit einem sehr breiten Frequenzspektrum können sie Kohärenz (Übereinstimmung mit den Siliziumfrequenzen) eingehen. Das geschieht in der bioelektrisch funktionierenden Grundsubstanz der extrazellulären Matrix. SiO_2 gilt als das

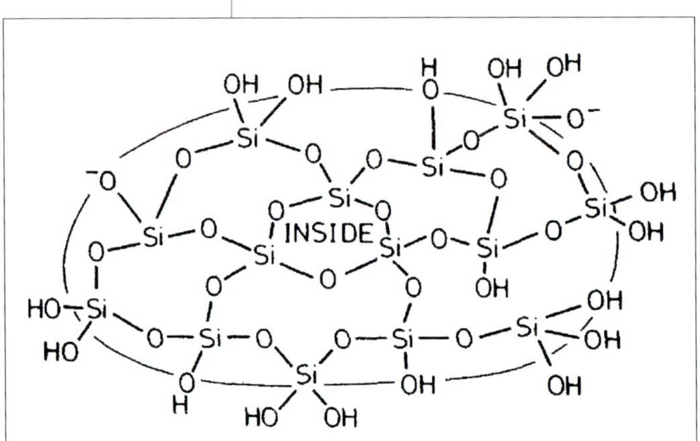

Abbildung 11: Schematische Darstellung des amorphen hydratisierten SiO_2. Zu beachten ist die unterschiedliche Anzahl an OH-Gruppen in den verschiedenen Si-Gruppen, die fehlende strukturelle Wiederholung und die wenigen Änderungen in der Oberfläche [William 1986]

steuernde und energieerzeugende Mineral des Bindegewebes von der Embryonalentwicklung an [Carlisle 1986].

Fünftens: SiO_2 hat eine eigene spezifische Wasserchemie

Silizium verfügt nach William [1986] über eine eigene spezielle Wasserchemie, die durch die Hydratationsfunktion des SiO_2 gegeben ist. Durch die Bindung von Wassermolekülen vermag SiO_2 sich und die extrazelluläre Matrix in einen hydratisierten Zustand zu versetzen, wodurch die Regulation des Bindegewebes gewährleistet wird. Ein Einblick in die „Wasserchemie des Siliziums“ soll mit nachfolgender Formel von William [1986] gegeben werden. (Abb. 11)

Hierbei soll das SiO_2 bis zum 40fachen seines eigenen Molgewichts H_2O an sich binden können. Silizium kann aber auch dafür sorgen, dass das Bindegewebe nicht überwässert wird. Wenn es für den menschlichen Körper notwendig ist, kann SiO_2 auch wasserabführende Funktion haben.

Der siliziumreiche Schachtelhalm wird als „Nierentee“ in den deutschen Apotheken angeboten. Das hydratisierte (mit Wasser verbundene) SiO_2 vermag in diesem Zustand mit vielen anderen Ionen Interaktionen, Wechselbeziehungen und Beeinflussungen einzugehen, z. B. mit Mg, Ca, Fe, P, N, C, Cl.

54 Warum hat SiO_2 gewebeverjüngende Funktionen?

Dank der Bindung von Proteinen durch das SiO_2-Molekül und der Einbeziehung des Körper-SiO_2 in die Proteinsynthese (Eiweißaufbausynthese), kann SiO_2 die Gewebeerneuerung stimulieren. Das hat die US-amerikanische Siliziumforscherin Edith Muriel Carlisle [1986] nachgewiesen. Sie entdeckte auch, dass Silizium in der Embryogenese (Embryoentwicklung) eine bedeutsame Rolle spielt. Carlisle postulierte: „Ohne Silizium gibt es kein Wachstum“.

Auch die vorgestellte spezifische Wasserchemie des Siliziums spielt dabei eine Rolle. Es ist wissenschaftlich belegt: Silizium vermag das biologische Altern zu verzögern und die Arteriosklerose, z. B. der Blutgefäße, zu verhindern. Silizium wird deshalb auch als das „Verjüngungssalz“ bezeichnet.

Die physiologischen Grundlagen der das Gewebe jung erhaltenden Eigenschaften des Siliziums werden, vereinfacht dargestellt, wie folgt erklärt. Silizium übt hydrophile (Neigung zur Wasseraufnahme) Funktionen aus, die Tonus und Straffheit des Gewebes bewirken. Die Hydrophilie ist aber eine wichtige Voraussetzung für das biologische Funktionieren der Proteinsynthese (Eiweißaufbau) (z. B. Albumin, Peptide). Die günstigste physiologische Kombination für die Albuminwasserverbindung wird in Gegenwart von physiologischer Kochsalzlösung erreicht.

$$\text{Protein}\ (+) \leftrightarrows (-)\ SiO_2 + H_2O$$

Diese lockere aber sichere kolloidale Verbindung hat eine große Adsorptionsfläche zur Folge (1 g zugeführtes kolloidales Siliziumgel = 300 m² Adsorptionsfläche) und befähigt zur Einbindung des bioaktiven Siliziums ins kolloidale Blut- und Bindegewebe des Menschen und der Tiere.

Die kolloidale Verteilung des Siliziums erleichtert wegen der großen absorbierenden Oberfläche das Eindringen in die extrazelluläre Matrix und die Zelle und somit zur bioaktiven Wechselwirkung zwischen dem Eiweiß-Stoffwechsel und den einzelnen Siliziummolekülen. Die Einbeziehung des SiO_2 in die Proteinsynthese erklärt die gewebeverjüngende Wirkung dieses edlen Minerals.

55 Liegen für das Silizium auch praktische Erfahrungen aus der Tierhaltung vor?

Jeder frühere Pferdebauer wusste, dass Hafer das Fell der Pferde glättet. Das Gleiche vermögen auch Brennnesselsamen. Beide Pflanzen sind reich an SiO_2. Im Dorf konnte jeder erkennen, ob ein Bauer sein Pferd mit Hafer füttert, womit Wohlstand präsentiert wurde. „Schlitzohren" bedienten sich des Brennnesselsamens, indem sie einen alten „Ackergaul" vor dem Verkauf einige Wochen lang damit fütterten, denn mit den Brennnesselsamen bekam das alte Pferd einen jugendlichen Glanz (Verjüngung) verliehen.

56 Was ist die extrazelluläre Matrix?

Die extrazelluläre Matrix ist ein strukturiertes, **bioelektrisches Grundregulationssystem.** Sie ist wesentlicher Bestandteil des Bindegewebes und durchzieht den gesamten Extrazellulärraum eines vielzelligen, organisch gegliederten Organismus. Der wesentliche Bestandteil der extrazellulären Matrix ist die **Grundsubstanz**, die in Form eines flüssigen (kolloidalen, solphasenartigen) Milieus die **Grundregulation** gewährleistet, die u. a. folgende Lebensprozesse umfasst:

- Wasser- und Mineralstoffwechsel
- Elektrolyt- und bioelektrische Funktion
- Regulieren des pH-Werts, des Basen-Säure-Gleichgewichts
- Gewährleistung des osmotischen Drucks
- Regulierung der gesamten unspezifischen immunologischen Prozesse
- Sicherung der unspezifischen Reaktivität
- Regulierung der Transmitter

Wichtige Funktionen der Grundsubstanz der extrazellulären Matrix:

- Molekularsiebfunktion
- Ionenaustauschfunktion
- Wasserbindung
- Adsorptionsfunktion
- elektrostatische Bindung
- Bildung von Struktur- und Vernetzungsproteinen
- kolloidale Phase
- Reparatur und Regeneration an der Zellmembran

Die Grundsubstanz der extrazellulären Matrix ist den spezifischen Organzellen vorgeschaltet und steuert mittels eines nerval-humoralen Informationsprinzips die Versorgung und Entsorgung dieser Zellverbände.

Der Grundsubstanz der extrazellulären Matrix wird eine Molekularsiebfunktion zugeschrieben [Heine und Pischinger 1990]. Das Molekularsieb wird durch die spezifischen Eiweißmoleküle Proteoglykane und Glykoproteine gebildet.

Der gesamte Stoffwechsel, der sich in der extrazellulären Matrix abspielt, muss dieses Molekularsieb von der Kapillare bis zur Zelle und zurück durchlaufen. Das ist ein mächtiger und sicherer „Schutzschild" für die Zelle.

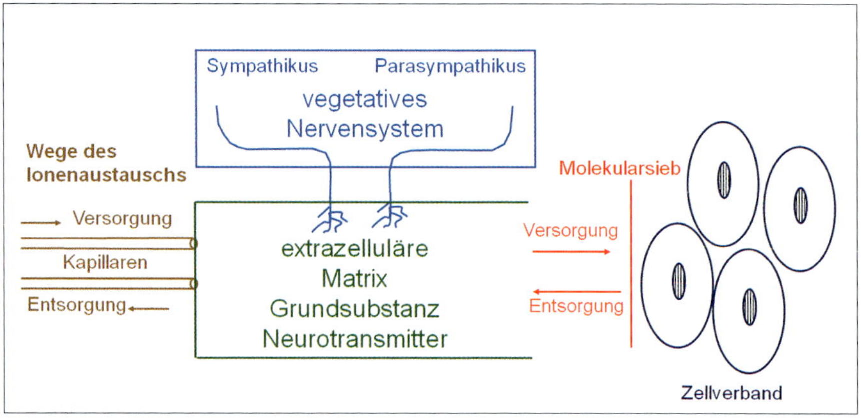

Abbildung 12: Schematische Darstellung der untrennbaren zentral-peripheren, ubiquitären, unspezifischen Regulationseinheit. Die Steuerung der extrazellulären Matrix erfolgt über das vegetative Nervensystem [Hecht und Hecht-Savoley 2008]

Moleküle ab einer bestimmten Größe und/oder ab einer bestimmten elektrischen Ladung gelangen nicht in die Zelle. Diese werden abgebaut (z. B. durch Phagozytose) oder auf dem Blutweg ausgeschieden. **Die Porengröße dieses Molekularsiebfilters bestimmt, was in die Zelle hineinkann und was nicht.**

Die Grundsubstanz, welche unter der Kontrolle des zentralisierten vegetativen Nervensystems, des perineuralen Gleichstromsteuerungssystems und des hormonellen Systems (endokrin und exokrin) steht, reguliert den Gesundheitszustand eines vielzelligen Organismus.

57 Wie kann die extrazelluläre Matrix bei Tieren in der Massentierhaltung funktionieren?

Ganz einfach gesagt, ihre Schutzfunktion wird außer Kraft gesetzt. Infolgedessen verschmutzt dieses sehr wichtige Organ eines Lebewesens und bietet Grundlage für chronische Erkrankungen. Da Antibiotika eher die Verschmutzung der extrazellulären Matrix verstärken, können sie in der extrazellulären Matrix keinen Effekt erzielen. Eine Schutzfunktion bietet nur das SiO_2, welches das steuernde Mineral der extrazellulären Matrix (Bindegewebe) ist. Dieses wird aber den Tieren der Massentierhaltung entzogen und die Selbstmedikation (Zoopharmakognosie) wird ausgeschaltet.

58 Warum ist das Zentrum des selektiven Ionenaustausches die Grundsubstanz der extrazellulären Matrix?

Nach Verabreichung des Klinoptilolith-Zeoliths in Form des mikronisierten Tuffgesteinpulvers durchläuft es den Verdauungskanal, der sich von der Mundhöhle bis zum Anus erstreckt.

Hinter der Magen- und Darmschleimhaut befindet sich eine Bindegewebsschicht, die die extrazelluläre Matrix mit ihrer Grundsubstanz enthält.

Im Darm beginnt die Wirkungsstrecke des Klinoptilolith-Zeoliths. So wie die im Verdauungssystem zerlegte Nahrungsmoleküle oder Schadstoffe gelangen auch die im Klinoptilolith-Zeolith befindlichen Ionen der verschiedensten Elemente (Mineralien) von hier aus in die Grundsubstanz der extrazellulären Matrix. Diese schließt gegen die Zellverbände verschiedener Gewebe mit einem Molekularsieb ab. Das Molekularsieb bestimmt, was in die Zelle zur gegebenen Zeit rein und raus muss. Die Grundsubstanz der extrazellulären Matrix ist vergleichbar mit einem Vorgarten zu einem Reihenhaus, in das nur derjenige in eine bestimmte Türe hineinkommt, der dazu den passenden Schlüssel hat. Auch durch das Molekularsieb in die Zellverbände können nur jene Wirkstoffe, die zu gegebener Zeit mit dem passenden „Schlüssel" ausgerüstet sind. Alle Regulationsprozesse, die die Zellverbände betreffen, vollziehen sich ausschließlich in der Grundsubstanz der extrazellulären Matrix. Diese erstreckt sich zusammenhängend durch den ganzen tierischen Körper.

59 Naturzeolith und Montmorillonit sind Aluminiumsilikate: Können sie Aluminiumvergiftungen auslösen, weil sie einen hohen Gehalt an Aluminium enthalten?

Meinen Studenten habe ich immer gesagt, dass es keine dummen Fragen gibt und habe gerne alle ihre Fragen umfassend beantwortet. Diese hier angeführte Frage wird mir seit zirka 20 Jahren sehr, sehr häufig stereotyp gestellt, so dass ich mir mittlerweile die Frage stelle, ob ich mich doch revidieren muss? Vielleicht in der Weise, dass nur Nichtdenkende diese Frage stellen können?

Kurz folgende Fakten als Antwort.

Aluminiumsilikate, z. B. in Form der Terra sigillata (Heilerden) zählen zu den ältesten und praktisch erprobtesten Heilmitteln der Menschheit. Sie wurden von der Antike bis in die Gegenwart bei Mensch und Tier angewendet, ohne dass in diesem Zeitraum über unerwünschte Nebenwirkungen berichtet wurde.

Es gibt kein anderes Heilmittel als die Aluminiumsilikate in der Medizin, welches über 2.400 Jahre praktisch effektiv angewendet und erprobt wurde und keine unerwünschten Nebenwirkungen zeigte. Auch Tiere pflegen seit Jahrtausenden die Zoopharmakognosie (Selbstmedikation) mit Geophagie (Verzehr von Tonmineralien = Aluminiumsilikate).

Zahlreiche Wissenschaftler der Cambridger/Londoner Forschergruppe unter Leitung von Prof. Dr. Jugdaohsingh haben festgestellt, dass Aluminiumionen eine starke Affinität (Anziehungskraft) zum SiO_2-Molekül haben, die zu sehr stabilen chemischen Bindungen zwischen beiden führen. Infolgedessen besitzt Silizium eine detoxierende Wirkung gegenüber dem Aluminium. Aus diesem Grund ist bei Aluminiumsilikaten nicht die Menge des Aluminiums, sondern das Verhältnis der Mengen vom Silizium zum Aluminium wichtig. Ist der Anteil von Silizium größer als Aluminium, besteht absolut keine Gefahr einer Aluminiumintoxikation. In Naturzeolith ist das Verhältnis Al:Si 1:5 bis 1:8.

In Tierexperimenten und am Menschen wurde nachgewiesen, dass Aluminiumsilikate, wie z. B. Naturzeolith, die besten Detoxikationsmittel gegen Aluminiumvergiftungen sind. Dafür ist vor allem das in den Aluminiumsilikaten enthaltene Siliziumdioxid verantwortlich. Es bindet jedes Aluminium-Ion.

In diesem Zusammenhang soll man sich die Frage stellen, warum technisches Aluminium aus Bauxit und nicht aus Aluminiumsilikaten wie Ton, Lehm und Zeolith gewonnen wird? Aluminiumsilikate gibt es viel mehr als Bauxit. Antwort: Die technische Abtrennung des Aluminiums vom Aluminiumsilikat ist technisch kaum machbar oder nur mit sehr hohem Energieaufwand, der sich ökonomisch nicht rentiert. Diesen Energieaufwand kann aber keine Funktion eines Lebewesens aufbringen. Wissenschaftliche Untersuchungen zeigten, dass Naturzeolith das beste Detoxikationsmittel bei Aluminiumvergiftungen ist.

60 Warum wird diese Frage, dass Aluminiumsilikate wegen des hohen Aluminiumgehalts toxisch wirken so häufig gestellt?

Es wurde von einer Lobby von Wissenschaftlern, Ärzten und von den Medien wiederholt stereotyp behauptet, Aluminiumsilikate würden toxisch wirken und verursachten die Alzheimer-Demenz. Dafür fehlen jedoch Beweise.

Diese Behauptungen beruhen auf Aussagen sogenannter Schmalspurwissenschaftler, die sich nur mit einem Teil beschäftigen, aber das wichtige Ganze und die damit verbundenen komplexen Zusammenhänge ignorieren. Sie beurteilen nur den Gehalt an Aluminium, vernachlässigen aber den sehr hohen Gehalt an SiO_2 in Aluminiumsilikaten. Sie kommen daher zu falschen Schlussfolgerungen, die sich als Irrtum erweisen. Das ist ungefähr so, wenn Sie zum Beispiel eine Ehe beurteilen sollen und in Ihr Urteil nur einen Partner einbeziehen. Das Urteil würde garantiert falsch sein. Meine Erfahrungen sind die, dass diesen Irrtümern von der Masse der Menschen aber mehr Glauben geschenkt wird als den Wahrheiten und dass sich diese Unwahrheiten über Jahre, auch wenn sie längst widerlegt worden sind, immer noch halten. **Das ist auch der Fall bei der Aluminium-Alzheimer-Hypothese, die einen Mythos darstellt.** [siehe: www.profdrkarlhecht.de]

Das war aber zu Zeiten unseres großen Dichters Johann Wolfgang Goethe auch schon so, denn Goethe schreibt:

„Man muss das Wahre immer wiederholen, weil auch der Irrtum um uns her immer wieder gepredigt wird; und zwar nicht nur von Einzelnen, sondern von der Masse. In Zeitungen und Enzyklopädien, auf Schulen und Universitäten – überall ist der Irrtum obenauf! Und es ist ihm wohl und behaglich – im Gefühl der Majorität, die auf seiner Seite ist.“ (Johann Wolfgang Goethe 1749-1832).

Noch ein Hinweis:

Ich nehme persönlich seit über 17 Jahren täglich 10 g einer Mischung von Naturzeolith und Montmorillonit ein. Ich bin 93 Jahre alt, aber noch fit und niemand hat bei mir Symptome der Alzheimer-Demenz gemerkt. Wohl hat das Aluminiumsilikat mein biologisches Alter der Stoffwechselprozesse (mit harten Daten nachgewiesen) um sieben Jahre verjüngt. Geistig bin ich bestimmt noch jünger.

61 Wenn die Böden aus Aluminiumsilikaten bestehen, kann Aluminium auch in den Pflanzen vorkommen?

Aluminiumsilikathaltige Böden haben zur Folge, dass auch Pflanzen und Früchte Aluminium enthalten. In den meisten Früchten und Pflanzen sind Aluminium-Verbindungen enthalten. Es sind durch den Regen gelöste Verbindungen, die leicht vom Körper des Menschen und der Tiere wieder ausgeschieden werden.

Tabelle 4: Beispiele des Aluminiumgehalts in Lebensmitteln [Bundesverband der Lebensmittelchemiker(innen) im öffentlichen Dienst: Aluminium in Lebensmitteln] (Zitat)

Lebensmittel	Gehalt an Aluminium in mg/kg
Tee (Trockenerzeugnisse)	385
Kakao und Schokolade	100
Salatarten	28,5
Hülsenfrüchte	22,5
Getreide	13,7
Pilzkonserven	9,3
Kohlarten	9,0
Wurstwaren	9,0
Gemüsekonserven	7,6

Lebensmittel	Gehalt an Aluminium in mg/kg
Obstkonserven	3,6
Fische und Fischerzeugnisse	3,3
Obst	3,1
Kindernahrung	3,0
Käse	2,9
Frischpilze	2,7
Paprika, Gurken, Tomaten, Melonen	2,2
Kartoffeln	2,1
Fleisch	1,2

Man kann davon ausgehen, dass alle natürlichen Lebensmittel Al-Mineralien enthalten.

Unverarbeitete (natürliche) Lebensmittel sollen 5 mg/kg Aluminiumverbindungen in der Frischmasse haben. Schwarzer Tee soll bis zu ca. 1.000 mg/kg Trockenmasse enthalten [Aluminium in Lebensmitteln, The EFSA Journal 2008]. Bei Menschen, die permanent Tee trinken, ist größtenteils Aluminium im Urin nachzuweisen [Erfahrungen des Autoren]. Auch im Trinkwasser können sich Spuren von Aluminiumverbindungen befinden: Grundwasser 0,2 mg/l Wasser. Tabelle 4 zeigt Beispiele des natürlichen Vorkommens von Aluminium in verschiedenen Nahrungsmitteln.

Al-Verbindungen wirken im menschlichen und tierischen Körper als Spurenelemente, in den pflanzlichen Produkten haben sie keine toxische Wirkung.

Diese wasserlöslichen Al-Verbindungen werden relativ schnell wieder aus dem Körper ausgeschieden. Wenn im Urin von Tieren ein hoher Gehalt an Aluminium enthalten ist, kann das nur positiv bewertet werden.

Aluminium ist ein Spurenelement. Spurenelemente sind für den menschlichen und tierischen Körper natürliche Stoffe, die in den physiologischen Stoffwechsel mit einbezogen werden können.

Aluminium-Verbindungen sind im ganzen Körper von Menschen und Tieren zu finden, ohne toxisch zu wirken. [EFSA 2008]

62 Naturzeolith soll auch Blei enthalten. Stimmt das?

Dazu muss man Folgendes wissen. Die Erdkruste unseres Planeten enthält alle bekannten Elemente.

Die kontinentale Erdkruste soll im Mittel 15 mg Blei pro Kilogramm Boden enthalten. Das ist eine natürliche Erscheinung, bei der das Blei fest in die Boden- oder Gesteinsstrukturen eingebunden ist. **Das ist keine Bleibelastung des Bodens, sondern entspricht der Natur unseres Planeten. Das ist naturgebundenes Blei.**

Im Naturzeolith kann daher naturgebundenes Blei enthalten sein. Dieses ist so fest in das Naturzeolithgestein gebunden, dass man es nur mit über 200 °C Temperatur und hohem Druck herauslösen kann. Die Bedingungen sind in keinem menschlichen oder tierischen Körper zu erreichen. Naturzeolith hat aber zu Blei eine hohe Anziehungskraft und kann Blei aus den Lebewesen entfernen.

Bisher gibt es keine Studien, die bewiesen haben, dass Naturzeolith naturgebundenes Blei an einen menschlichen oder tierischen Körper abgegeben wurde. Wohl gibt es zahlreiche Studien, die beweisen, dass Naturzeolith Blei aus dem Körper von Lebewesen ausführt und unschädlich macht.

63 Es soll bleibelasteten Naturzeolith geben. Ist er eine Gefährdung der Gesundheit der Nutz- und Haustiere?

Wie schon erwähnt, hat die Erdkruste in allen Erden und Steinen auch naturgebundenes Blei. Dieses ist so fest gebunden, dass es nur bei Temperaturen über 200 °C und hohem Druck aus diesem entfernt werden kann.

Zahlreiche wissenschaftliche Arbeiten dokumentieren, **dass Naturzeolith in lebenden Organismen die gleiche feste Dekontaminierung bewirkt wie in Böden, Gewässern und Abwässern. In den Sorptionsreihen verschiedener Naturzeolith-Chargen steht Blei stets an vorderster Stelle der Affinität (Anziehungskraft zum Naturzeolith). Das bedeutet, dass Blei eine große Affinität zu den Zeolithkristallen ausübt. Eine Umkehrreaktion, d. h. dass lebende Strukturen Blei aus dem Zeolith entziehen können, habe ich bei meiner mehr als 25-jährigen Beschäftigung mit den Funktionen des Naturzeoliths nicht in der einschlägigen Literatur finden können.**

Zu der gleichen Auffassung kommen auch Armbruster [2001] und Gorokhov et al. [1982]. Die meisten der Autoren der vorangestellten Originalarbeiten betonen stets die Nutzersicherheit (auch bezüglich Blei), die für den Zeolith im menschlichen und tierischen Körper besteht.

Aufgrund des bisherigen Erkenntnisstands kann konstatiert werden, dass Naturzeolith kein Blei abgibt, aber alle bisher in Anwendung befindlichen Chelatbildner um ein Vielfaches übertrifft und außerdem nutzbringende Eigenschaften besitzt, die den Chelatbildnern nicht eigen sind, wie selektiver Ionenaustausch, Adsorption, diuretische Effekte, Donator für wichtige Mineralstoffe, keine unerwünschten Nebenwirkungen und keine Toxizität besitzt.

64 Gibt es Untersuchungen zur Entfernung von Blei aus dem Körper von Labortieren mit Hilfe von Naturzeolith?

Ja, die gibt es. Diese Autoren gehen davon aus, dass Bleivergiftungen das Gedächtnis und das Lernvermögen einschränken. Laborratten gelten seit Langem als ein gutes Modell zur Untersuchung von Lernen und Gedächtnis.

Bei den vorliegenden Untersuchungen wurde das Kurzzeit-, Mittellangzeit- und Langzeitgedächtnis an 60 Tieren, die zu je 10 in 6 Gruppen unterteilt waren, über einen Zeitraum von zwei Monaten untersucht.

1. Gruppe	normale Fütterung (Kontrolle)
2. Gruppe	Zusatz von 5 % Naturzeolith
3. Gruppe	Zusatz von 12,5 % Naturzeolith
4. Gruppe	erhielt Blei in Wasser gelöst als Zusatz
5. Gruppe	erhielt Blei in Wasser plus 12,5 % Naturzeolith
6. Gruppe	erhielt Blei in Wasser und 5 % Naturzeolith

Es wurden folgende Resultate festgestellt:

- Die Gruppe, die 12,5 % Naturzeolith erhielt, zeigte deutliche Verbesserungen des Langzeit-, Mittellangzeit- und Kurzzeitgedächtnisses.
- Die Gruppe, die 5 % Naturzeolith erhielt, zeigte gegenüber den Kontrollen eine Verbesserung des Mittellang- und Langzeitgedächtnisses.
- Die gleichen Ergebnisse wurden bei den beiden bleibelasteten Gruppen erzielt, die mit Zeolith behandelt wurden.

Die Autoren schlussfolgern daraus, dass Naturzeolith Bleibelastungen so stark binden kann, dass sie auf Lern- und Gedächtnisprozesse keinen Einfluss mehr nehmen können. Die Verbesserung der Lernleistung durch Naturzeolith führen die Autoren auch auf die Mineralzufuhr aus dem Naturzeolith zurück.

65 Gibt es weitere tierexperimentelle Studien Naturzeolith versus Bleitoxizität?

[Beltcheva et al. 2014]

Ausgehend davon, dass Industriearbeiter permanent von Bleivergiftungen betroffen sind, sollte im Modellexperiment geklärt werden, inwieweit Naturzeolith präventiv gesundheitliche Schäden und Bleitoxizität verhindern kann.

In umfangreichen Modelluntersuchungen an Mäusen stellten die Autoren fest, dass die durch Bleiakkumulation in verschiedenen Organen aufgetretenen Schäden durch die Applikation von Naturzeolith erheblich reduziert werden können. Zu den Schäden, die durch Zeolith verhindert werden können, zählen Chromosomenbrüche (Veränderung des Mitose-Index) und Störungen in der Blutbildung (Erythorpeose-Index). Die Bioakkumulation von Blei in der Leber, den Nieren und Knochen konnte ebenfalls durch Zeolithapplikationen reduziert werden. Die Autoren schlussfolgern, dass Naturzeolith, dessen Intoxizität sie nachgewiesen haben, bei bleibelastungsgefährdeten Industriearbeitern als Präventionsmittel eingesetzt werden sollte.

66 Kann Naturzeolith die Bleitoxizität bei Fischen verhindern oder beseitigen?

1. Davon ausgehend, dass Fische in Gewässern bleibelastet sind und in die Nahrungskette des Menschen gelangen, wurden Nieren und Kiemen der Fischart Labeo rohita locally (genannt Rohu) auf Bleikontaminierung untersucht und den Fischen eine Zeolithart (Natrolith) appliziert. Es konnte nachgewiesen werden, dass die Bleibelastung durch die Zeolith-Applikation beseitigt oder vermindert werden konnte [Pandey 2015].

2. Die Autoren Cogun und Sahin gehen davon aus, dass Fische oft bleibelastetem Wasser ausgesetzt sind und infolge Bleiakkumulation, Nieren- und Leberschäden sowie endokrine Störungen und Defekte an den Zellmembranen entstehen. Infolgedessen kann eine hohe Mortalität der Fische auftreten.
Die Autoren untersuchten von bleibelasteten Fischen mit und ohne Naturzeolithbehandlung folgende Parameter: Hämatokrit, Hämoglobin, Erythrozyten, Leukozyten sowie die Plasmaenzyme AST (Aspartattransferase), das Stresshormon Cortisol und Cholinesterase.
Cogun und Sahin wiesen nach, dass durch die Bleiakkumulation verursachte pathologische Veränderungen der angeführten Parameter mittels Zeolithapplikation wieder in den „Normbereich" zurückgeführt werden konnten. Der Gesundheitszustand der Fische verbesserte sich und die Mortalität der Fische wurde reduziert. [Cogun und Sahin 2013]

67 Haben Schwermetalle generell toxische Wirkungen?

In Abhängigkeit von der Dosis und Einwirkungsdauer können Schwermetalle im menschlichen Körper Vergiftungen auslösen. Auch die Zuordnung der Elemente zu den Schwermetallen ist unterschiedlich. Manche Organisationen oder Autoren zählen nur Blei, Cadmium, Quecksilber, Arsen, Kupfer, Nickel und Mangan zu den Schwermetallen.

Manche von diesen Schwermetallen sind bereits in kleinen Dosen toxisch (giftig), z. B. Arsen, Blei, Quecksilber, Antimon, andere erst in höheren Dosen.

Schwermetalle werden aber auch als essentielle Spurenelemente eingestuft, weil sie in winzigen Mengen (Spuren) unbedingt für die Lebensprozesse des Menschen benötigt werden, z. B. Zink, Eisen, Mangan.

Deshalb wird in der einschlägigen Literatur darauf hingewiesen, dass Schwermetalle nicht prinzipiell und

generell toxisch wirken, sondern, wie schon erwähnt, in Abhängigkeit von der Dosis und Dauer der Einwirkung.

Die internationale Union of Pure and Applied Chemistry IUPAC [Duffus 2002] empfiehlt den Begriff „Schwermetalle" nicht zu verwenden und auch nicht im Sinne von „toxischen Stoffen", weil auch manche von diesen für die menschliche Gesundheit essentiell (unbedingt erforderlich) sind.

Zu hohe Dosen von Stoffen, die als Schwermetalle bezeichnet werden, können toxisch [Hollemann und Wiberg 2007] wirken.

68 Haben Wirkungen von Schwermetallen mit toxischen Komponenten im tierischen Körper Abhängigkeiten von anderen Faktoren?

Schwermetalle im Überschuss gelten für den menschlichen und tierischen Organismus als besonders toxisch, weil sie die Fähigkeit besitzen, mit Eiweißen und Cofermenten Verbindungen einzugehen. Nach Račikov [1999] hängt aber die Intensität der Toxizität von Quecksilber, Plumbum, Kadmium, Nickel, Arsen und Zink von folgenden Faktoren ab:

- von der Speicherung in den Geweben. Gespeicherte Metalle bzw. Schwermetalle wirken in Abhängigkeit von der Menge toxischer als nicht gespeicherte.
- von den Wechselwirkungen der Metalle und Schwermetalle untereinander bzw. zu anderen Elementen.
- von der Absorption im Gewebe, wobei auch die Wechselbeziehungen zu anderen Elementen eine Rolle spielen können.
- von der Härte des Wassers, in welchem die Ionen der Metalle gelöst sind. Je härter das Wasser, umso geringer ist die Re- und Absorption der Schwermetalle im Organismus.
- von der Fähigkeit des Körpersiliziums, Körpermagnesiums und Körperkalziums, Metalle zu binden. [Račikov 1999].

69 Welche Bleibelastungen gibt es in Böden und Gewässern?

Die kontinentale Erdkruste soll im Mittel 15 mg Blei pro kg Boden enthalten. Das ist eine natürliche Erscheinung, bei der das Blei fest in die Boden- oder Gesteinsstrukturen eingebunden ist. **Das ist keine Bleibelastung des Bodens, sondern entspricht der**

Natur unseres Planeten. Das ist naturgebundenes Blei.

Demgegenüber wird eine anthropogene, d. h. durch den Menschen verursachte Bleibelastung beschrieben. Gewöhnlich gelangt das in der Luft befindliche Blei durch Regen in die Böden und von da aus in die Nahrungskette über Pflanzen, Obst und Gemüse (siehe weiter unten) sowie in die Gewässer. Anthropogenes Blei ist das gesundheitsgefährdende Blei. Das sind Bleiverbindungen, die vom Menschen in technischen Prozessen hergestellt werden.

In Abwässer gelangt Blei durch die Industrie.

Es sollen z. B. in Deutschland Vorkehrungen getroffen werden, dass Luft, Boden und Wasser nicht weiter anthropogen mit Blei belastet werden. Das gelingt offensichtlich nicht ausreichend.

70 Blei und Cadmium sollen im Großstadtgartengemüse vorkommen?

Gemüseanbau in der Stadt – eine Gesundheitsgefahr? „Wer sein Gemüse im eigenen Schrebergarten anbaut, benutzt meist keine Kunstdünger oder Pflanzenschutzmittel und erntet somit besonders gesunde Produkte – sollte man meinen. Doch Ina Säumel, Expertin für Umweltgifte an der Technischen Universität Berlin, rät zur Vorsicht beim Gärtnern in der Großstadt. In der Stadt sind Böden oft belastet, unter anderem mit Schwermetallen wie Cadmium und Blei, erklärt die Ökotoxikologin. Der Verzehr von Gemüse mit solchen Belastungen kann gesundheitliche Folgen haben, beispielsweise für das Herz-Kreislaufsystem, das Nervensystems oder für die Nieren."

Abbildung 13:
Vegetarier: Vorsicht bei Großstadtgartengemüse! Naturzeolith täglich eingenommen kann eine sichere Prävention sein.

„Durch Verkehrs- und Industrieabgase gelangt jede Menge Feinstaub in die Luft und der enthält Cadmium und Blei. Dieser Feinstaub sinkt zu Boden und die Schwermetalle werden von den Pflanzen aufgenommen. Aber auch Dünger und Pflanzenschutzmittel können mit Schwermetallen belastet sein." (Zitat)

71 Ist Gemüse aus dem Supermarkt weniger schwermetallbelastet?

„Das Dilemma: Auch Supermarktware ist nicht zwangsläufig besser. Die TU-Berlin hat dazu Vergleichsstudien gemacht. Zwar haben Mangold, Tomate, Möhre und Kohl aus dem Supermarkt insgesamt besser abgeschnitten als die Vergleichsprodukte aus Kleingartenanlagen, die in der Nähe von stark befahrenen Straßen lagen. Dafür waren in der Studie Kohlrabi, Bohnen, Äpfel, Mirabellen, Pflaumen und Nüsse aus dem Supermarkt teilweise stärker belastet als die jeweiligen Stadtgemüse bzw. Stadtfrüchte." (Zitat)

[Quelle: http://www.daserste.de/information/wissen-kultur/w-wie-wissen/sendung/gemuese-104.html]

72 Haben auch Bauern Probleme mit anthropogenem Blei im Gemüseanbau?

„Elz- und Glottertal. Blei im Gemüse: Landwirte haben mit Altlasten zu kämpfen.

Große Sorgen machen sich derzeit die Bauern im Landkreis Emmendingen: Einige Äcker und Pflanzen sind zu hoch mit Schwermetall belastet. In sechs Fällen wurde jetzt der Anbau bestimmter Gemüsesorten verboten. Wie hoch ist die Gefahr für die Verbraucher?" [Quelle: Südwest: Elz- und Glottertal: Blei im Gemüse: Landwirte haben mit Altlasten zu kämpfen – badische-Zeitung.de, 14.07.2014]

Auch Nordrhein-Westfalen meldet: Anthropogenes Blei und Cadmium in Pflanzen durch verseuchten Boden. [Quelle: http://www.lanuv.nrw.de/veroeffentlichungen/infoblaetter/infoblatt11.pdf, 2014]

Das Landesumweltamt weist darauf hin, dass die Aufnahme von Schwermetallen in das Gemüse vom pH-Wert, d. h. Säuregehalt des Bodens abhängig ist. Je saurer der Boden, umso mehr Schwermetalle gelangen in die Pflanzen. Ebenso ist es beim Menschen. Die Aufnahme von Schwermetallen in das Gewebe erfolgt umso schneller und intensiver, je niedriger der pH-Wert (saurer) ist.

Umweltgiftreport 2015 der Schweizer Stiftung „Green Cross" und der international tätigen Non-Profit-Organisation „Pure Earth" (New York) [22.10.2015]

„Green Cross" und „Pure Earth" legten mit dem Umweltgiftreport eine Studie vor, aus der hervorgeht, dass auf unserem Planeten jährlich an den sechs schlimmsten anthropogenen Umweltgiften 95 Millionen Menschen jährlich erkranken. Als die schlimmsten anthropogenen Umweltgifte werden angeführt (in Klammern die Erkrankungshäufigkeit)

- Blei (26 Mio.)
- Quecksilber (19 Mio.)
- sechswertiges Chrom (16 Mio.)
- Radionuklide (22 Mio.)
- Pestizide (7 Mio.)
- Cadmium (5 Mio.)

Diese Studie wurde in 49 Ländern durchgeführt, darunter Indien, Russland, Mexiko, Indonesien. Daten der EU-Länder wurden in diesem Report nicht angeführt.

2012 sollen 8 Mio. Menschen an den genannten Giften gestorben sein. Das seien weitaus mehr, als Menschen an Infektionskrankheiten sterben (z. B. Tuberkulose, Malaria, AIDS). Haus- und Nutztiere wurden leider nicht untersucht. [Quelle: www.welt.de/gesundheit/article147906600/So-toedlich-sind-Blei-Quecksilber-und-Co.html]

73 Blei in der Luft soll das Klima beeinflussen?

Das anthropogen in die Luft gelangte Blei hat noch einen bisher unterschätzten Effekt. Diese anthropogene Bleibelastung der Luft bewirkt die Eisbildung in den Wolken. Bleihaltige Partikel haben sich als „Keime" für die Entstehung von Eiskristallen in Wolken herausgestellt. Daraus ergibt sich, dass nicht nur Niederschläge (Regen oder Schnee) entstehen, sondern dass damit das ganze Erdklima beeinflusst werden kann.

Zu dieser Erkenntnis kam eine Forschergruppe aus Wissenschaftlern Deutschlands, der Schweiz und den USA [Cziczo et al. 2009].

Folglich sollte nicht nur der CO_2-Ausstoß auf das Klima bewertet werden, sondern auch die Verseuchung der Luft durch anthropogene Bleibelastung und daraus folgend die Böden, das Wasser und die Nahrungskette des Menschen.

74 Kann Naturzeolith gegen eine globale Katastrophe durch anthropogene Bleibelastungen der Böden und des Wassers unseres Planeten wirksam eingesetzt werden?

Seitdem die Dekontaminierung des Bleis und anderer Schwermetalle durch Zeolith bekannt geworden ist, haben sich in den letzten 30 Jahren Wissenschaftler bemüht, Erkenntnisse zu gewinnen und Erfahrungen zu sammeln, wie durch das Tuffgestein Böden, Gewässer und Abwässer von Blei und Schwermetallen befreit werden können.

Der derzeitige Erkenntnisstand kann mittels einer Liste von über 40 Literaturquellen dokumentiert werden, die keinesfalls Anspruch auf Vollständigkeit erhebt. **Diese Liste zeigt, dass sich die Wissenschaft weltweit mit der Dekontaminierung des Bleis mittels Zeolith erfolgreich beschäftigt und ihn teilweise großräumig und routinemäßig einsetzt. (Die Liste kann bei dem Autor angefordert werden.)**

75 Wie wirken Funkwellen des Mobil- und Kommunikationsfunks auf Nutz- und Haustiere?

Diese Frage ist mehr als berechtigt, denn immer mehr Landwirte berichten über einen krankmachenden Einfluss von Sendemasten auf Nutztiere. Auch kritisch und seriös eingestellte Tierärzte stellen einen Zusammenhang von Funkwellenstrahlungen und Erkrankungen von Haustieren fest.

Das ist auch nicht verwunderlich, denn die Zahl der wissenschaftlichen Arbeiten, die beweisen, dass Funkwellen auf den Menschen gesundheitsschädigend wirken, geht weltweit gesehen in die Tausende.

Ich selbst habe auch bereits einige wissenschaftliche Arbeiten diesbezüglich publiziert [Hecht und Balzer 1997; Hecht 2013; Bundzinski und Hecht 2016]. Wenn die Menschen von den Funkwellen krank werden, sind logischerweise auch unsere Haustiere und Nutztiere betroffen. Auf Konferenzen, die sich mit Gesundheitsschäden durch Funkwellen des Menschen beschäftigen, traten auch immer Landwirte auf, die Gleiches über die Tiere berichteten. In der Schweiz ist zwischenzeitlich eine Meldepflicht für funkwellenerkrankte Rinder eingeführt.

Nachfolgend möchte ich einen Auszug aus „Zeiten Schrift Nr. 66“ bringen, der deutlich an Einzelbeispielen das gravierende Ausmaß von Funkwellen auf Rinder darstellt. Diese Zeitschrift ist als „Das Magazin für Qualität und Wahrheit“ ausgewiesen. Die

Überschrift dieses Artikels lautet „Ein Hundeleben wegen des Sendemastes".

Rätselhaftes Rindersterben

Die Rinder auf dem Hof der Familie Stengel in Donau-Ries sind Ende 1997 gesund, die Kälbernachzucht verläuft ohne Probleme. Dann wird neben dem Stengel-Hof ein Mobilfunkturm errichtet. Kurz darauf erkranken die ersten Kühe und die Nachzucht gerät ins Stocken. Die Blutbilder der Tiere gleichen jenen von bestrahlten Krebspatienten. Viele von ihnen verenden kläglich, obwohl es keine Hinweise auf bekannte Krankheiten oder Haltungsfehler gibt.

Doch lassen wir den betroffenen Bauern selbst erzählen: „Mein Name ist Friedrich Stengel. Seit vielen Jahren betreiben meine Frau Doris und ich am Ortsrand von Oettingen (Bayern) eine kleine Landwirtschaft mit Milchkühen. Unser Viehbestand war gesund und die Kühe kalbten regelmäßig. Dann, Ende 1997, wurde unmittelbar neben unseren Viehweiden ein Funkturm errichtet, der u. a. eine Mobilfunk-Sendeantenne mit Rundstrahlcharakteristik trägt. (...) Im Sommer 1998 erkrankten bei uns die ersten Kühe. Auffällig ist, dass sie auf die Behandlung durch den Tierarzt nicht ansprechen. Auch die Anzahl der Totgeburten am Hof beginnt jetzt zu steigen. Zu diesem Zeitpunkt rätseln wir noch über die Ursachen, denn es gab keine nennenswerten Veränderungen in der Tierhaltung und der Fütterung oder offenkundige zusätzliche Umweltbelastungen, etwa in der Art einer benachbarten Sondermüllverwertung. Noch trifft den nahen Funkturm kein Verdacht. Erst zwei, drei Jahr später wird uns die Problematik mit dem Mobilfunksender bewusst: Der Tierarzt, der unseren Hof seit 1984 betreut, gibt uns den entscheidenden Hinweis. Wir fangen an, uns zu informieren.

Die Blutbilder der Kühe weisen klar auf Strahlungsbelastung hin. Anfang 2001 lassen wir von unseren Tieren Blutbilder anfertigen. Dabei stellt sich heraus, die Kühe haben eine viel zu geringe Anzahl weißer Blutkörperchen. Laut Tierarzt deutet dies eindeutig auf eine Strahlenbelastung hin. Die Blutwerte sind vergleichbar mit denen von Aids-Kranken oder von Krebspatienten nach einer Strahlentherapie. Sieben Ärzte haben uns diesen Befund unabhängig voneinander bestätigt. Den Ärzten wurde dazu nur das Blutbild zur Bewertung vorgelegt, von der Mobilfunkantenne berichteten wir nicht. Dennoch lauteten die Befunde stets gleich, nämlich auf akute Immunschwäche, möglicherweise ausgelöst durch eine Strahlenbelastung. (...).

Als wir unseren Fall schließlich dem Bayerischen Umweltministerium vortragen, unterstellt man uns erst einmal Fehler bei der Viehhaltung. Unangemeldet kommt der Amtstierarzt. Er soll womöglich eindeutige Belege für schlechte Haltung oder schlechte Futterbedingungen finden, stellt jedoch nichts dergleichen fest. Eine Woche später kommt der Amtstierarzt erneut, diesmal nimmt er den Tieren Blut ab. Offenbar will man jetzt anhand der Blutbilder Krankheiten oder Fütterungsfehler nachweisen. Doch auch dies gelingt nicht, obwohl die Blutwerte die geschilderten Defizite zeigen. Im März 2001 kommt der Amtstierarzt im Auftrag des Umweltministeriums ein weiteres Mal und nimmt den Tieren wieder Blut ab. Die Blutwerte sehen jetzt besser aus. Aber: Die Tiere waren den Winter über im Stall und sind dort vor den Mobilfunkfeldern besser geschützt als auf der Weide. Die Blutentnahmen werden im September 2001 wiederholt. Nun sind, nach etlichen Monaten auf der Weide, die Werte der Tiere wieder deutlich schlechter als im März. (...)

Bei damals zugekauften Kühen lassen wir gleich nach dem Kauf Blutbilder machen, die alle in Ordnung sind. Nur drei Monate später werden Vergleichsuntersuchungen gemacht. Die Blutwerte sind jetzt noch schlechter als bei unseren Kühen, die mit den Mobilfunkfeldern schon länger leben müssen. Die Anzahl der Leukozyten z. B. erreicht nur 24 Prozent vom Sollwert. Oder der Wert des Stresshormons Cortisol: Er sollte mindestens 45 erreichen, kommt aber nur noch auf 4." (...)

Strahlenbelastung als Ursache

„Der Amtstierarzt meinte nun, es müsse ja eine Ursache für die Blutbildveränderung geben", berichtet Bauer Stengel weiter. „Und er sagte zu uns, es komme eigentlich nur die Strahlenbelastung als Ursache in Betracht. Andere Faktoren wären ausgeschlossen. (...)

Was die Untersuchungen an unseren Tieren anbelangt: Nach langem Drängen wurden mir lediglich die Blutbilder ausgehändigt. Weitere Unterlagen habe ich nicht bekommen. Nur telefonisch hat mir ein junger Mitarbeiter des Umweltministeriums einmal eingestanden, man sei dort höchst interessiert an unserem Fall, dürfe uns aber nicht Recht geben. Selbst T-Mobile erkundigte sich nach den Blutbildern unserer Kühe." (...)

Mit dem Sendemast hat auch der Tod auf Stengels Hof vermehrt Einzug gehalten: „Bei den Frühgeburten kommt es in aller Regel zum Erstickungstod. Die Kälber schreien, da sie vergeblich nach Luft ringen. Weil die Tiere nicht voll entwickelt sind, funktioniert die Sauerstoffaufnahme unzureichend, und die Tiere ersticken kläglich. In diesem Jahr (2004) hatten wir auch ein zu früh geborenes Kalb ohne Haare. Das Tier brüllte eine Stunde lang, bis es endlich von seinem Leiden befreit war. Dieses Kalb hat man pathologisch untersucht, jedoch ohne klärenden Befund.

Eine andere Kuh wies Schwellungen am Maul und am Kopf auf, hatte versteifte Glieder und litt unter Erstickungsanfällen. Der Tierarzt musste das Tier einschläfern. Unsere Mutterkühe verendeten wegen der hohen Anzahl an Fehlgeburten. So haben totgeborene Kälber z. B. zur Folge, dass die Nachgeburt nicht abgeht. Das Immunsystem der Kühe ist so geschwächt, dass ihnen selbst mit Antibiotika nicht mehr zu helfen ist. Die Tiere verenden dann an einer

Infektion. Dies kann sich über mehrere Wochen hinziehen, bis eine Kuh schließlich an den Folgen der Fehlgeburten stirbt oder eingeschläfert werden muss. Im Gefolge von Fehlgeburten beobachteten wir bei den Muttertieren weitere Erkrankungen: Nach etwa sechs Wochen kommt es an den Gelenken, am Maul und am Kopf zu unerklärlichen Schwellungen und die Kühe haben Wasser in den Beinen. Die Tiere können letztlich nicht mehr aufstehen, sie müssen eingeschläfert werden oder verenden.

Seit Errichtung des Sendemastes haben wir bis Oktober 2004 folgenden Tierbestand verloren: 11 Kühe (vom „Altbestand" aus dem Jahr 1997 lebt nur noch eine einzige Kuh); 12 Kälber (nicht lebenstaugliche Frühgeburten) und 37 Fehlgeburten (im dritten oder vierten Monat).

Nur eine einzige Kuh, die 1994 lange vor Errichtung der Antenne hier auf dem Hof geboren wurde, lebt heute noch. Doch in den vergangenen zwei Jahren sind die Kälber dieser Kuh jeweils nach einem halben Jahr gestorben. Von den Kühen, die nach Errichtung der Antenne hier am Hof geboren wurden, lebt heute keine mehr.

Die Bullen – wir hatten 1997 drei davon – wurden verkauft, da es uns seit Anfang 1998 nicht mehr gelang, eigene Kälber großzuziehen. Heute haben wir Bullen nicht zur Nachzucht, sondern zur Mast auf dem Hof. Überlebte ein Kalb die Geburt, starb es meist binnen Jahresfrist (Bewegungsstörungen, Steifheit der Glieder). Eine Kuh, die am Hof geboren wurde und überlebte, brachte zuerst ein verendetes Kalb auf die Welt, dann hat sie verworfen und anschließend war sie unfruchtbar. Siebzehn Besamungsversuche blieben ohne Erfolg. Schließlich wurde die Kuh geschlachtet.

Vor Errichtung der Antenne hatten wir nur eine oder zwei Fehlgeburten im Jahr. Dies ist im sogenannten Stallbuch dokumentiert. (...)

Darüber hinaus ist die Nachzucht bei unserem Geflügel schlecht, seit man den Sendemast aufgestellt hat. Aus den Gelegen schlüpfen kaum noch Küken. In der Nachbarschaft hat ein Gänsezüchter seine Zucht aufgeben, weil keine Nachzucht mehr möglich ist."

Bayerische Rinderstudie

Etwa zur gleichen Zeit untersuchte man ebenfalls in Bayern die Auswirkungen elektromagnetischer Felder von Mobilfunksendeanlagen auf Leistung, Gesundheit und Verhalten landwirtschaftlicher Nutztiere. Es ging unter anderem um Kühe, deren Weiden und Ställe in der Nähe von Mobilfunkmasten waren. Direktor Prof. Dr. W. Löscher vom Institut für Pharmakologie, Toxikologie und Pharmazie der Tierärztlichen Hochschule Hannover: „Zusammenfassend zeigt die bayerische Untersuchung an Mobilfunk exponierten Milchkuhbeständen also eine Reihe von Tendenzen, die besorgniserregend sind und dringend der weiteren Abklärung bedürfen. Die bisher vorliegenden Beobachtungen könnten dadurch erklärt werden, dass elektromagnetische Felder im Sinne eines chronischen Stressfaktors wirken, der zu Leistungs- und gesundheitlichen Veränderungen führt. Diese Annahme wird durch zahlreiche experimentelle Befunde unterstützt."

Und sogar die Deutsche Bundesregierung schlägt in ihrer Bundestagsdrucksache 15/1403 ernste Töne an: „Von besonderem Interesse ist hierbei eine Veröffentlichung zu Rindern (Löscher/Käs 1998), in welcher erheblich reduzierte Milcherträge, Auszehrung sowie spontane Fehl- und Totgeburten dokumentiert wurden. Von besonderer Relevanz sind die folgenden Sachverhalte: **Der Gesundheitszustand der Rinder verbesserte sich erheblich, nachdem sie auf Weideland gebracht wurden, das weit entfernt von dem Sendemast lag, verschlechterte sich jedoch sofort wieder bei Rückkehr an den alten Standort.** Die negativen gesundheitlichen Effekte traten erst auf, nachdem auf einem Turm GSM-Mikrowellenantennen installiert wurden, der zuvor lediglich für die Übertragung (analoger) TV- und Radiosignale genutzt worden war. Auch in anderen Dokumenten wird von ähnlichen gesundheitlichen Auswirkungen auf Rinder berichtet. Schließlich wird über Rückgänge von Vogel- und Bienenpopulationen nach Inbetriebnahme neuer Basisstationsmasten berichtet."

Dieser Artikelauszug ist typisch für eine beträchtliche Anzahl von Berichten, die von Landwirten stammen, die gleiche Erfahrungen gemacht haben. Als Mitinitiator des Freiburger Ärzteappells 2002 und des internationalen Ärzteappells 2012, die auf die Gefahren aufmerksam machen, die Funkwellen auf die Gesundheit der Menschen haben und entsprechende Vorsorgemaßnahmen fordern, möchte ich in diesem Buch auch die Aufmerksamkeit der Landwirte auf diese für den Menschen bereits bewiesene Gefahr auch für Nutz- und Haustiere lenken. Obgleich ich den internationalen wissenschaftlichen Erkenntnisstand kenne und vertrete, stehe ich damit in Konfrontation mit der Politik und den Betreibern von Telekommunikation. Seitens dieser Obrigkeit besteht die Auffassung, was nicht sein darf, kann nicht sein.

76 Kann Naturzeolith vor Erkrankungen, die durch Mobil- und Kommunikationsfunk verursacht sind, schützen?

Bisher liegen im Zusammenhang mit dem Einsatz von Naturzeolith nach der Reaktorkatastrophe von Tschernobyl Erkenntnisse nur über die Bindung von Radionukliden vor, die ionisierende Strahlungen darstellen. Funkwellen werden als „nichtionisierende

Strahlungen" bezeichnet. Diesbezüglich gibt es bei Tieren noch keine Studie.

Studien gibt es dazu leider auch im menschlichen Bereich nicht, weil sich bisher dafür kein Geldgeber interessiert und gefunden hat.

Es gibt aber praktische Erfahrungen bei Menschen, die Rückschlüsse für die Tiere geben könnten. Ich habe seit einigen Jahren elektrosensiblen Menschen empfohlen, permanent täglich zirka 6 g eines Gemisches aus Klinoptilolith-Zeolith und Montmorillonit einzunehmen. Die Rückmeldungen, die ich im Laufe der Jahre von über 40 Personen erhalten habe, beinhalten, dass das Leiden der Elektrosensiblen durch diese Silikate vermindert, gelindert oder sogar beseitigt werden konnte.

Frau Ingrid Dickenson, die in London elektrosensible Menschen betreut, empfahl ich, ebenfalls dieses Silikatgemisch an Elektrosensible zu applizieren. Sie berichtete mir über die Verminderung der Elektrosensibilität bei ihren Schützlingen. So zum Beispiel über eine Frau, die wegen ihrer Elektrosensibilität keine U-Bahn mehr benutzen konnte. Die Einnahme des Silikatgemisches machte ihr dieses wieder möglich.

Manche Patienten aus Deutschland berichteten mir auch, dass das Silikatgemisch besonders gut gegen Elektrosmog wirkte, wenn sie zudem meine Empfehlungen befolgten, Alkohol, Koffein und Nikotin zu meiden. Aus meiner Sicht könnte Klinoptilolith-Zeolith ein gutes Präventionsmittel gegen Elektrosmogfolgen bei Tieren sein.

Aufgrund dieser Erfahrungen, die ich an einer nur kleinen Gruppe von Menschen gemacht habe, würde ich jedem Tierhalter empfehlen, Naturzeolith präventiv als Schutz einzusetzen, wenn ein anderer Schutz (Beseitigung von Sendemasten) nicht möglich ist.

Warnke und Hensinger [2013] belegen eindeutig, dass die Generierung der O_2- und NO-Radikale im menschlichen Organismus mit schwacher Energie erfolgt, die mehrere Größenordnungen unterhalb des thermischen Rauschens liegt.

Diese neuen Ergebnisse zur Verursachung von oxidativem Stress durch schwache EMF-Strahlung lassen die Schlussfolgerung zu, dass auch in dieser Hinsicht Klinoptilolith-Zeolith einen Schutz bietet, da er auch als Antioxidant wirken und oxidativen Stress vermindern oder beseitigen kann.

77 Schädigen Funkwellenstrahlungen auch Pflanzen?

Dr. Cornelia Waldmann, die Ärztin im Bamberg ist und sich seit Jahren mit der gesundheitsschädigenden Wirkung an Menschen befasst hat, stellte fest, dass dort, wo Menschen an Funkwellenstrahlung erkrankten, auch die Bäume im Umkreis erhebliche

Schäden erlitten. Sie hat eine gute Dokumentation zusammengestellt. Natürlich wird das von den Mächtigen in unserem Land bestritten, aber Fakten sind nicht vom Tisch zu wischen. Über einen möglichen Schutz für die Bäume ist nichts bekannt.

78 Sind geologische Endlager für Atommüll sicher?

Eigentlich ist hier eine Gegenfrage fällig: Warum fällt immer noch so viel Atommüll an? Meine Antwort: Weil es Politikern und AKW-Betreibern an normaler menschlicher Vernunft fehlt. Da dies leider durch Petitionen, Proteste und Demonstrationen nicht zu ändern ist, beantworte ich diese Frage:

Aus meiner Sicht ist die Idee, den Atomabfall in einen Gebirgszug, der aus Klinoptilolith-Zeolith besteht, als Endlager zu nutzen, gut und real. Dabei sollte der vielfach nachgewiesene Dekontaminationseffekt des Tuffgesteins für Radionuklide optimal genutzt werden. Natürlich müssen die Daten wie etwa Erdbeben- und Vulkansicherheit stimmen. Der 99,5 % betragende Reinigungsgrad durch Zeolith zur Befreiung von Radionukliden aus Abwässern sollte dabei Maßstab sein.

Ausgehend von dem Einsatz von 500.000 Tonnen Klinoptilolith-Zeolith nach der Reaktorkatastrophe in Tschernobyl und der, trotz des sehr verspätet zur Verfügung gestellten Tuffgesteins, erreichten Dekontaminierung von Flüssen und Böden, sollte Forschung betrieben werden, um den Einsatz von Klinoptilolith-Zeolith bei der sehr notwendig gewordenen sicheren Endlagerung von Atommüll zu realisieren.

Es steht von meiner Seite die Frage an Politiker und AKW-Betreiber, warum man das bisher noch nicht in Erwägung gezogen hat? Natur-Klinoptilolith-Zeolith gibt es auf unserem Planeten in ausreichender Menge und sicher auch solche Gebirge, die fernab von Städten liegen und vulkan- und erdbebensicher sind.

79 In welchen Ländern gibt es Naturzeolithvorkommen und wirtschaftlich wichtige Abbauminen?

Nachfolgend sollen Länder angeführt werden, in denen Zeolith-Vorkommen entdeckt wurden und abgebaut werden.

Die für die Wirtschaft wichtigsten Zeolithe sind:

- Klinoptilolith-Zeolith-Serie (vor allem auch für medizinische Zwecke geeignet)
- Mordenit
- Heulandit
- Phillipsit

Häufig liegen auch Kombinationen von Zeolithen vor, z. B. von Mordenit und Klinoptilolith. Klinoptilolith soll am häufigsten gefunden und abgebaut werden. Klinoptilolith- und Mordenit-Zeolith sollen diejenigen sein, die am SiO_2-reichsten sind.

Manchen Zeolithvorkommen sind noch weitere Mineralien, z. B. Quarz, Glimmer, Basalt von der Natur beigemischt. Je weniger Beimischungen, desto wertvoller ist der Zeolith. Das ist der Fall, wenn sich mehr als 90 % oder sogar 95 % Zeolith im abgebauten Gestein befinden. Es gibt aber auch die Kombination Klinoptilolith-Zeolith und Montmorillonit, z. B. in Spanien und in Sibirien.

- **Äthiopien:** Rift Valley-Sediment nahe Nazret und Boru (Mordenit-Klinoptilolith-Zeolith)
- **Aserbaidschan:** Aydag Kaukasus (hochwertiger Klinoptilolith-Zeolith)
- **Australien:** Werris Creek im nördlichen New South Wales (Klinoptilolith-Zeolith)
- **Bulgarien:** Beli Plast, Dzhebel (Rhodopen), Chata (Haskovo, Klinoptilolith-Zeolith)
- **Canada:** Mount Saint Hiliaire (Prov. Quebec) Bay of Fundy Novo Scotia (New Brunswick), Cache Creek in Thompson Plateau (Klinoptilolith-Zeolith u. a.)
- **China:** Jin-Yun (Provinz Zhejang) Dushijou bei Chi-Cheng, Hailing (Provinz Heilongjang) (Klinoptilolith und Klinoptilolith-Modernit. China ist der weltweit größte Anwender von Zeolithen).
- **Kuba:** In Kuba soll es mehr als 50 Zeolith-Minen geben. Die wichtigsten sollen sein: Castilla, Houlgin, Las Pulgas, Villa Clara.
- **England:** Belisgrove, Whitesmith (Heulandit strontiumhaltig)
- **Faröer-Inseln (Atlantik):** Insel Streymoy (Hadarsvik), Insel Eysturoy, Insel Bordoy (Heulandit)
- **Georgien:** Große Vorkommen von Klinoptilolith und Heulandit im Kaukasusgebiet Südgeorgien (Miskneta, Dzegvi, Tedzami), Westgeorgien (Akhalt Sikhe).
- **Griechenland**: Xerovouni bei Avdella Evros-Region in Thrakien (Klinoptilolith, Heulandit), Inselgruppe Kimolos und Poliegos in der westlichen Ägäis (Mordenit), Insel Samos (Klinoptilolith-Zeolith)
- **Indien**: Dekkan Traps (Westindien) Pune am Fluss Mutha, Pashan-Hügel, Nasik (rosa Heulandit), Mumbai (Nordwestindien). In Indien sollen alle klassischen Zeolithe vorkommen, z. B. Mordenit, Heulandit, Klinoptilolith.
- **Indonesien**: Bisher wurden in Indonesien 47 Lagerstätten von Zeolith bekannt, unter anderem in Sumatra, Nusa, Tenggara, Maluku und West Java (Klinoptilolith-Zeolith).
- **Iran**: Zahlreiche Lagerstätten, vor allem mit Klinoptilolith: Eshloghcha (Ost-Aserbaidschan), Alborz (zentraler Teil des Elbrusgebirges), Magnatischer Uramieh-Dokhar-Gürtel (Zentraliran).

- **Irland**: County Antrim. Es sollen alle klassischen Zeolithe vorkommen.
- **Island**: Teigarhorn, Breidallur, Skaftafell am Rande des Hafrafellnationalparks, Hvaleyri (nordöstlich von Reykjavik). Alle klassischen Zeolithe, vor allem Heulandit, Philipsit, Mesolit.
- **Italien**: Seiser Alm, Lafreider Hölle (Buco dell'Inferno), Frombach (Rio From). Klinoptilolith, Heulandit, Slibit. Latium (Phillipsit), Kampanien (Phillipsit Chabasit), Potenza (Phillipsit, Chabasit), plegräische Felder bei Neapel (Phillipsit)
- **Japan**: Japan verfügt über mehr als 100 Klinoptilolith-Mordenit-Lagerstätten. Abgebaut wird aber nur in 12 Minen: Haya, Yamgata, Honshu, Akita sollen die wichtigsten sein.
- **Jordanien**: Zahlreiche Lagerstätten von Zeolith, vor allem Phillipsit und Chabasit: Al Qaryatayn (nordarabisches Basaltplateau), Tlul Alshaba, Tal-Rimatz sowie in Südjordanien (Tele Burma) und Zentraljordanien (Maka-wer, Al-Zara, Wadi Heidan).
- **Korea – Nord:** Han Zin, Phoha (Provinz Kilch-Mjong Chong) (Klinoptilolith-Mordenit)
- **Korea – Süd:** Kuryong (Gebiet Guryongpo), Daisin (Tonghai-Gebiet), beide in der Provinz Kyongsangbuk (Klinoptilolith-Mordenit)
- **Mexiko**: Santa Barbara, Agua Prieta in Sonora (Chabasit), bei Rancho Tetuache, bei Etla und San Antonio in Oaxaca, San Luis Potosi, Guanajuato im Bundesstaat Puebla (Klinoptilolith-Mordenit). Die Kathedrale von Oaxaca ist vollständig aus Klinoptilolith-Mordenit-Zeolithgestein gebaut.
- **Mongolische Volksrepublik:** Zeolith-Vorkommen in der Südmongolei (Klinoptilolith)
- **Neuseeland**: Waitemata (Provinz Oakland) (Chabasit + Klinoptilolith)
- **Norwegen**: Narvik (Klinoptilolith-Zeolith mit einmaliger Güte (90-95 %) und sehr hohem SiO_2-Gehalt in ausgezeichneter Bioverfügbarkeit)
- **Philippinen**: Große Lagerstätten in der Aksitero-Formation bei Mangatarem, Provinz Pangasinan (Alle Zeolitharten)
- **Polen**: Zwei Lagerstätten bei Dynow (Südostpolen) (Klinoptilolith)
- **Rumänien**: Große Klinoptilolith-Mordenit-Lagerstätten im transsylvanischen Becken und in den Prä-Karpaten.
- **Russland:** Russland hat sehr viele Vorkommen, die zum Teil noch nicht erschlossen sind. Am bekanntesten ist das Vorkommen Kholinsk (Sibirien), welches von der Firma Nov (Novosibirsk) genutzt wird. Weitere Gebiete: Halbinsel Kola sowie die Gebiete entlang des Flusses „Steinige Tunguska" in Ostsibirien (Krasnojarsky Ksai) in Yakutien und Sachalin sowie im Nordkaukasus.
- **Slowakische Republik:** Klinoptilolith-Zeolith in Nizny Hrabovec (bei Košiče) und Puste emerne. Der in Deutschland

angebotene Zeolith (Medizinprodukt, Nahrungsergänzungsmittel) kommt größtenteils aus diesen slowakischen Minen (Klinoptilolith).

- **Slowenien**: Zaloska Gorica (Klinoptilolith)
- **Spanien**: Mordenit-, Bentonit-, Montmorillonit-Minen bei Yuncos (Toledo) und am Cabo de Gata (Almeria)
- **Südafrika**: Große Zeolithlagerstätten in Heidelberg-Riverdale (Cape-Provinz) und in Hluhluwe (Kwazulu-Natal)
- **Türkei**: Zahlreiche Vorkommen. Am bekanntesten Gördes bei Manisa (Westtürkei)
- **Ukraine**: Klinoptilolith bei Sokirnitsa (Transkarpatien)
- **USA**: Große Vorkommen. Hauptlagerstätten in Arizona (Bowie), New Mexico (Truth, Consequences), Kalifornien (Shoshone in Inyo Country), Idaho, Nevada (Sandy Valley), Oregon (Rome, Sheaville), Texas, Utah (Z-Olite), Wyoming. Vorwiegend Klinoptilolith, aber auch Phillipsit, Mordenit, Chabasit. In den USA wird seit Mitte des vergangenen Jahrhunderts Zeolith zur Dekontaminierung von städtischem Abwasser von Schwermetallen und Radionukliden verwendet.

80 Können die heute schon gravierenden Ausmaße der Naturschäden, die verursacht wurden durch anthropogene Einwirkungen, mittels Naturzeolith, Montmorillonit und Urgesteinsmehl geheilt werden?

Wenn die Menschheit es möchte, im Prinzip ja. Der Einsatz der Natursilikate müsste aber schnell und flächendeckend erfolgen. Gleichzeitig müsste aber auch die jetzt leider entartete menschliche Vernunft weltweit in die Normalität zurückgeführt und in breiten Bevölkerungskreisen friedenbewahrende Naturliebe entwickelt werden.

Nachwort

Wie aus den Ausführungen in diesem Buch hervorgeht, liegt eine Fülle von wissenschaftlichen Erkenntnissen vor, die überzeugend beweisen, dass Naturzeolith und Montmorillonit/Bentonit für die Gesundheit der Nutztier- und Haustierhaltung und für die gesamte Ökologie sehr förderlich sind. Vor allem hat dieses Naturtuffgestein keine schädlichen Wirkungen für Lebewesen und Umwelt.

Analoges wie in diesem Buch habe ich für den Menschen in mehreren Büchern, besonders mit meinem letzten Buch „Zeolith. Lebenskraft des Urgesteins“ mit vielen wissenschaftlichen Fakten belegt.

Trotz des Vorliegens einer Fülle von wissenschaftlichen Daten gibt es in den letzten Jahren wiederholt von obersten Behörden der EU und von Zertifizierungsinstitutionen mit unwissenschaftlichen und sogar falschen Argumenten Aktionen, diese Aluminiumsilikate für die Anwendung bei Menschen und Tieren zu verbieten.

So hat die Zertifizierungsstelle TÜV-Rheinland bereits Firmen die Zulassung von Naturzeolith und Montmorillonit/Bentonit als Medizinprodukt entzogen und zwar wegen des hohen Aluminiumgehalts in den Aluminiumsilikaten. Dabei wurde nicht beachtet, dass ein großer Teil der Erdkruste unseres Planeten Aluminiumsilikate und sogar die fruchtbarsten Böden sind.

Die Grundlage für den Entzug der Zulassung als Medizinprodukt war ein Gutachten des englischen Aluminiumexperten Prof. Exley, der aber kein Experte für Aluminiumsilikate war und somit über die chemischen Verbindungen der Aluminiumsilikate unwissend war. So wusste er nicht, dass Silizium Aluminium fest an sich bindet und ein Detoxmittel gegenüber allen Aluminiumverbindungen ist. In Aluminiumsilikaten ist das Verhältnis von Silizium zu Aluminium für die mögliche Toxizität real und das ist im Naturzeolith 5:1 bis 8:1. Eine Unmenge von Silizium in Aluminiumsilikaten lässt auch nicht die geringste Toxizität des Aluminiums im menschlichen und tierischen Körper zu.

In einer Öffentlichen Stellungnahme (www.profdrkarlhecht.de) habe ich dem Gutachter Prof. Exley sieben Fehleinschätzungen und somit Falschaussagen nachgewiesen. Diese Fehleinschätzungen resultieren aus Unkenntnis der einschlägigen wissenschaftlichen Literatur. Das ist das Ergebnis des partiellen Denkens der heutigen Wissenschaftler, die nur das Detail kennen und das Ganze ignorieren.

Die Katastrophe vor Augen tut die Obrigkeit in der EU außer „schön Reden“ nichts oder wenig gegen den Antibiotikamissbrauch. Dabei könnten innerhalb eines Tages die Antibiotika durch Naturzeolith und/oder Montmorillonit/Bentonit ersetzt werden. Die Zeit ist reif dafür.

Am 23.05.2016 erschien im Stern (www.stern.de) ein alarmierender Artikel: „Forscher fürchten Millionen Tote jährlich durch resistente Keime". Nachfolgend wird ein Auszug dieser Meldung zitiert.

„Britische Forscher haben zum weltweiten Kampf gegen resistente Keime aufgerufen. Ohne entsprechende Gegenmaßnahmen könnten künftig zehn Millionen Menschen pro Jahr an Infektionen mit den antibotikaresistenten Bakterien sterben, berichten die Autoren einer Studie.

Auch Wirtschaftsleistung in Höhe von etwa 100 Billionen US-Dollar (rund 90 Billionen Euro) sei gefährdet. Die Regierung Großbritanniens hatte die Studie in Auftrag gegeben.

Bereits heute kommen demnach weltweit 700.000 Menschen pro Jahr durch Ansteckung mit resistenten Keimen ums Leben. Bis zum Jahr 2050 könnte sich diese Zahl mehr als verzehnfachen. „Sollten Antibiotika wegen der Resistenz der Erreger ihre Wirksamkeit verlieren, könnten wichtige medizinische Verfahren wie Kaiserschnitte und andere chirurgische Eingriffe zu gefährlich werden", heißt es in dem Bericht.

Das Forscher-Team um den britischen Ökonomen Jim O'Neill fordert in einem Zehn-Punkte-Programm unter anderem, den Gebrauch von Antibiotika in der Landwirtschaft weltweit einzuschränken und alle Resistenzen stärker zu überwachen."

Fazit:

Die Nutztiere brauchen aber artgerechte Haltungsbedingungen, die Landwirte natürlichen Ackerboden und die Menschen ausschließlich Bioprodukte für eine gesunde Ernährung.
Naturzeolith und andere Aluminiumsilikate bieten dafür die besten Grundlagen zur Heilung von Natur und Tierwelt.

Ich würde mich im Interesse der Menschlichkeit freuen, wenn das EU-Parlament (Volksvertreter) und die EU-Kommissare dies zur Kenntnis nehmen und unverzüglich handeln würden.

Wissenschaftliche Literatur des Autors zum Thema

Hecht, K.; E. N. Hecht-Savoley (2005, 2008): Naturmineralien, Regulation, Gesundheit. Schibri-Verlag, Berlin, Milow, 1. und 2. Auflage ISBN 3-937895-05-1

Hecht, K.; E. Hecht-Savoley (2008): Klinoptilolith-Zeolith – Siliziummineralien und Gesundheit. Spurbuch Verlag, Baunach; 2. Auflage 2010, 3. Auflage 2011 ISBN 987-3-88778-322-8

Hecht, K. (2009): Therapeuten benötigen Sanogenetika mit bioregulatorischen Eigenschaften. Zur systemischen Mineralstoffwechselregulation SiO_2-reicher Naturstoffe. Orthomolekulare Medinzin und Ernährung 128, S. 3-23

Hecht, K. (2014): Interview: Vom Aluminium zum Silizium. Von Tschernobyl bis Prävention. Es gibt selten eine einzige Ursache für Krankheiten. Naturarzt 7, S. 17-19

Hecht, K.; E. Hecht-Savoley; A. Kölling; P. Meffert (2014): Das essentielle Spurenelement Silizium und der Siliziumgehalt im Blut von älteren Menschen nach langjähriger Einnahme von Klinoptilolith, Zeolith und Montmorillonit. OM und Ernährung 148, S. 16-23

Hecht, K. (2015): Zeolith. Lebenskraft durch das Urgestein. Prävention, Detoxhygiene, Ökologie. Spurbuch Verlag, Baunach ISBN 978-3-88778433-1

Hecht, K. (2015): Antworten auf 100 Fragen zur gesundheitsfördernden Wirkung des Naturzeoliths. Spurbuch Verlag, Baunach ISBN 978-3-88778-446-1

Hecht, K. (2015): Aluminium, Aluminiumsilikate, Aluminium-Alzheimer-Mythos. Ein Beitrag zur biologischen Wirkung von Aluminium-Verbindungen im menschlichen Körper und zu möglichen Ursachen der Demenz. Teil I. OM u. Ernährung, Nr. 150, S. 41-46 (Teil II erscheint in OM u. Ernährung Nr. 151, S. 46-62

Hecht, K. (2015): Ökologisch saubere Nahrungsprodukte. Nutztierhaltung ohne Antibiotika. Stattdessen Gewährleistung der Zoopharmakognosie durch Naturzeolith und Montmorillonit. OM u. Ernährung 152, S. 22-34

Hecht, K. (2016): Answers to 100 questions on the healthy effect of natural zeolite. Spurbuch Verlag, Baunach, ISBN 978-3-88778-479-9

Literaturverzeichnis

Abdel-Wahhab, M. A.; S. A. Nada; I. M. Farag; N. F. Abbas; H. A. Amra (1998): Potential protective effect of HSCAS and bentonite against dietary aflatoxicosis in rat: with special reference to chromosomal aberrations. NatToxins 6, Iss 5, S. 211-218

Agadshanyan, N. A.; A. G. Maračev, G. A. Bobkov (1998): Ökologische Physiologie. Moskau (russisch)

Ahman, B. (1996): Effects of bentonite and amonium-ferrit(III)hexacyanoferrate(III) on uptake an elimination of radiocaesium in reindeer. J. of Environmental Radioactivity 31, S. 29-50

Ali, S.; M. S. Chaudhry; M. S. Anjum; S. Ali; M.Y. Baig (1994): Study on the effect of sodiumbentonite on the performance of commercial layers. Pakistan Journal of Science 46, S. 134-136

Ali, S.; A. H. K. Niazi; T. Kausar; M. Hassan (1996): Effect of bentonite on the performance of broiler chicks. Science International 8, S. 159-160

Ambula, M. K.; G. W. Oduho; J. K. Tuitoek (2003): Effects of high-tannin sorghum and bentonite on the performance of laying hens. Tropical animal health and production 35, S. 285-292

Andersson, I.; J. Haekansson; K. Anner (1990): Transfer of cesium-137 from grain to muscle and internal organs of growing finishing pigs, and the effect of feeding bentnite. Swedish Journal of Agricultural Research 20, S. 43-48

Anke, M.; S. Szentmihalyi (1986): Prinzipien der Spurenelementeversorgung und des Spurenelementestoffwechsels beim Wiederkäuer. In: M. Anke; Chr. Brückner; H. Gürtler; M. Grün: Arbeitstagung Mengen- und Spurenelemente. Leipzig, S. 87-107

Armbruster, T. (2001): Clinoptilolite-heulandite: applications and basic research. Studies in Surface Science and Catalysis 135. Zeolites and Mesoporous Materials at the Dawn of the 21st Century. A. Galarnau, F. Di Renzo, F. Faujula, J. Veddrine (Editors), S. 135ff

Assenov, K. I.; Ch. Vassilev; M. Kostova (1976): Sorption of heavy metal on natural zeolites. Proceeding of the 4th Bulgarian-Soviet Symposium on Natural Zeolites. Burgas Bulgary, October 29.-31.

Babel, S.; T. A. Kumiawan (2003): Low-cost adsorbents for heavy metals uptake from contaminated water: a review. Journal of Hazardous Materials, Vol. 97, Issues 1-3, S. 219-243

Bagiashvili, M. G.; B. V. Kazitadse; G. S. Charatishvili (1984): Anwendung der Naturzeolithe in der Mischfutterindustrie. Tbilisi: Mezniereba, S. 14-16 (russisch)

Bailey, C. A.; G. W. Latimer; A. C. Barr; W. L. Wigle; A. U. Haq; J. E. Balthrop; L. F. Kubena (2006): Efficacy of montmorillonite clay (NovaSil PLUS) for protecting full-term broilers from Aflatoxicosis. Journal of Applied Poultry Research 15, S. 198-206

Balakirev, N. A.; V. S. Snitko (1995): Naturadsorbente in den Futterrationen von Pelztieren. Zootechnika 2, S. 22-23 (russisch)

B**arrer, R. M.; M. B. Makki** (1964): Molecularsieve sorbents from clinoptilolite. Canad. J. Chem. 42, S. 1481-1487

Belizkiy I. A.; Ja. B. Novoselov (2006): Gegenwärtige Vorstellungen von der Wirkung des Mineralischen Nahrungsergänzungsmittels Litovit beim Menschen. Informationsposter der Wissenschaftlichen Produktionsgesellschaft NOV, Novosibirsk (russisch)

Beltcheva, M; R. Metcheva; M. Topashka-Ancheva; N. Popov; B. Blajev; J. A. Heredia (2010): Variant investigation on the influence of clinoptilolite sorbent KLS-10 MA and lead in conditions of ecotoxicological experiments with laboratory mice. Zeolite 2010 – 8th

International Conference of the Occurrence, Properities, and Utilization of Natural Zeolites. Sofia, Bulgaria, 10.-18. July, S. 49-50

Beltcheva, M; R. Metcheva; Popov; S. Teodorova; J. A. Heredia-Rojas, et al. (2012): Natural clinoptilolite detoxifies small mammal's organism loaded with lead I. Lead disposition and kinetic model for lead bioaccumulation. Biol Trade Elem Res 147, S. 180-188

Beltcheva, M; R. Metcheva; M. Topashka-Ancheva; N. Popov; S. Teodorova; J. A. Heredia-Rojas; A O. Rodriguez-de la Fuente; L E Rodriguez-Flores (2014): Zeolites versus lead toxicity. J. Bioequiv Availab 6, S. 223-240. DOI: 10.4172/jbb.10002019

Berthiaume, R.; M. Ivan; C. Lafreniere (2007): Effects of sodium bentonite supplements on growth performance of feedlot steers fed direct-cut or wilted grass silage based diets. Canadian Journal of Animal Science 87, S. 631-638

Bgatov, V. I. (1999): Naturmineralien im Leben der Menschen und der Tiere. Proceedings der wissenschaftlich-praktischen Konferenz „Mineralien im Dienste der Gesundheit des Menschen", Ekor, Novosibirsk,, S. 8-11 (russisch)

Bgatova, N. P.; Ya. B. Novoselov (2000): Die Bedeutung biologisch aktiver Nahrungsergänzungsmittel auf der Grundlage von Naturmineralien für die Detoxikation des Organismus, Novosibirsk (russisch)

Bhattacharyya, K. G.; S. S. Gupta (2008): Adsorption of a few heavy metals on natural and modified kaolinite and montmorillonite: A review. Advances in Colloid and Interface Science 140, S. 114-131

Bhatti, B. M.; A. W. Sahota (1998): Effect of dietary supplementation of sodium bentonite on leing performance of White Leghorn, Fayoumi and Rhode Island Red breeds of chickens. Pakistan Veterinary Journal 18, S. 168-169

Bildujeva, D. G. (2001): Entwicklung der Futterergänzung auf der Grundlage von Zeolithen und Bewertung ihrer immunomodulierenden Aktivität. Dissertation, Ulan-Ude. Ostsibirische technologische Staatsuniversität des Bildungsministeriums der Russischen Föderation (russisch)

Budzinski, B. I.; K. Hecht (2016): Elektrohypersensibilität – Phantom oder Anzeichen einer Gemeingefahr? Naturschutzrecht 38/7; S. 463-468

Blanchard, G.; M. Maunaye; G. Martin (1984): Removal of heavy metal from water by meas of natural zeolites. Water Res. 18 (12), S. 1501-1507

Bogoljubova, N. V. (2001): Einfluss von Zeolithtuff aus dem Sikejewer Vorkommen des Kalushskaja Gebiets auf Verdauungsprozesse des Magendarmtrakts bei Mastjungbullen. Dissertation Dubrowizy. Wissenschaftliches Allrusslandsforschungsinstitut für Physiologie, Biochemie und Ernährung des landwirtschaftlichen Viehs (russisch)

Borowiak, M.; M. Górny; B. Kot; W. Lewandowski (1983): Study on distribution of heavy metals in athropogenic soil-zeolite systems. Paper presented at Meeting of Polish Assoc. of Chem., Katowice, S. 287 (polnisch)

Borowiak, M.; K. Czarnowska; W. Lewandowski; B. Kot (1986): Dynamics of changes in the content of heavy metals in anthropogenic soils in the presence of zeolites. Roczniki gleboznawcze XXVII, 4, S. 67-83 (polnisch)

Bosi, P.; D. Creston; L. Casini (2002): Production performance of dairy cows after the dietary addition of clinoptilolite. Ital. J. Anim. Sci 1, S. 187

Brogowski, Z.; B. Dobrzanski; J. Kocon (1979): Morphology of natural zeolites occurring in soil as determined by elektron microscopy. Bull. Acad. Pol. Sci. 28, S. 115-117

Brogowski, Z.; B. Dobrzanski; J. Kocon; E. Zaniewska-Chlipalska (1983): The possibility of zeolite occurrence in the soil of Poland. Zeszyty problemowe Postepow Nauk rolniczych 220, S. 489-494 (polnisch)

Bucur, N. (1989): Zeolitu naturali si unplicatile lor in biologia. Mine Petrol si gase 40/3, S. 131-133

Butusova, G. J. (1965): Zur Erkenntnis der Zeolithe aus der Heulanditgruppe. Zeolith aus paläogener Ablagerung im Süden der UdSSR, „Litologija i polesnyje iskopajemyje", S. 66-79 (russisch)

Bykov, W. T.M A. N. Kirginzev; A. V. Lukjanov; N. J. Scherbatjuk (1965): Erforschung der Adsorption des Wasserdampfes durch Naturzeolithe. In: M. L. Nauka: Zeolith. S. 360-369 (russisch)

Cabnero, A. I.; Y. Madrid; C. Camara (2005): Effect of animal feed enriched with Se and clays on Hg bioaccumulation in chickens: In Vivo experimental study. Journal of Agricultural and Food Chemistry 53, S. 2125-2132

Carlisle, E. M. (1972): Silicon an essential element for the chick. Science 178, S. 619-621

Carlisle, E. M. (1986a): Silicon in Animal Tissues and Fluids. Academic Press. Inc. New York

Carlisle, E. M. (1986b): Silicon as an essential trace element in animal nutrition. In: Ciba Foundation Symp. 121: Silicon biochemistry. John Wiley u. Sons, Chichester u. a., S. 123-139

Carrasco, B. F. (2008): Atmen Sie sich schlank. Knaur Ratgeber Verlag, München

Castro, M.; A. Elias (1977): Effects of the inclusion of zeolithe in final molasses – based diets on the performance of growing fattening pigs. Cuban. Agricult. Sce. Vol. 12, N 1, S. 69-75

Castro, M.; E. Mas (1989): Effect of different levels of zeolite on balance of some nutrients for pre-fattening pig feeds. Cub. vetagrar Science 23/1, S. 55-59

Chananaschwili, M. M.; K. Hecht (1984): Neurosen. Akademie Verlag Berlin

Charlton, B.; A. Bacelj; T. E. Mandel (1988): Administration of silica particles or anti-Lyt2 antibody prevents beta-cell destruction in NOD mice given Cyclophosphamide. Diabetes 37, S. 930-935

Chaturvedi, V. B.; K. S. Singh (2004): Effect of aflotoxin and hydrated sodium bentonite on nutrient utilization in chickens. Animal Nutrition and Feed Technology 4(2), S. 187-195

Čhelishev, N. F.; R. V. Čhelisheva (1981): Importance of ion exchange properties of natural zeolites for the removal of toxic metals from digestive tract. Paper presented at meeting of aspirants, Baku, S. 217-228 (russisch)

Čhelishev, N. F.; W. E. Volodin; V. L. Kyukov (1988): Ionenaustauscher der Natur – das hochsiliziumenthaltende Zeolith. Moskau, Nanka, S. 1-128 (russ.) Ionoobmennye svcistva prarodnykh Vysoko-Kremnistykh Zeolitov.

Chen, F.; P. Cole; L. Wen; Z. Mi; E. J. Trapido (1994): Estimates of trace elements in Chinese farmers. Journal of Nutrition 124/2, S. 196-201

Cheshmedzhiev, B. V.; A. Angelov; N. Nestorov; S. Bakalivanov; R. Cheshmedzhieva (1985): Effect of zeolite in the feeding of pregnant and nursing sows and sucking piglets. Zhivotnov dni Nauki 22, S. 40-46 (abstract)

Chonka, J. A.; A L. Omelshenko (1989): Utilization of transcarption zeolites for prophylaxis and treatment of gastrointestinal disease of agricultural animal. In: Tsisihvili et al. S. 412-414, 407-411

Coffey, M. T.; D. W. Pilkington (1989): Effect of feeding Zeolite-A on the performance and carcass quality of swine. Journal of Animal Science 67 (Supplement 2), S. 36 (Abstract)

Cogun, H. Y.; M. Sahin (2012): The effect of zeolite on reduction of lead toxicity in nil tilapia (Oreochromis niloticus linnaeus, 1758). Kafkas Univ Vet Fak Derg. 18(1), S. 135-140, http://dx.doi.org/10.5772/53076

Commission Implementing Regulation (EU) (2013): Concerning the authorisation of clinoptilolite of sedimentary origin as a feed additive for all animal species and amending regulation (EC) No 1810/2005. (EU) No 651/2013 of 9 July (text with EEA relevance)

Costa-Neto (2012): Zoopharmacognosy. The self-medication behaviour of animals. Inter Faces Scientificans 01, S. 66-72

Culfaz, M.; M. Yagiz (2004): Ion exchange properties of natural clinoptilolite: lead-sodium and cadmium-sodium equilibria. Sep Purif Technol 37, S. 93-105

Curkuvič, L.; S. Cerjan-Stefanovič; T. Filipan (1997): Metal ion exchange by natural and modified zeolites. Water Research Vol. 31, Issue 6, S. 1379-1383

Cziczo, J.; O. Stetzer; A. Worringen; M. Ebert; St. Weinbruch; M. Kamphus; St. J. Gallavardin; J. Curtius; St. Bormann; K. D. Froyd; St. Mertes; O. Möhler; U. Lohmann (2009): Inadvertent climate modification due to anthropogenic lead. Nature Geoscience, Online-Veröffentlichung vom 19. April

Dawkins, T.; J. A. Wallace (1990): A natural mineral for the feed industry. Feed Compouder 10/1, S. 56-59

Dschaak, C. M.; J.-S. Eun; A. J. Young; R. D. Stott; S. Peterson (2010): Effects of supplementation of natural zeolite on intake, digeston, ruminal fermentation, and lactational performance of dairy cows. The Professional Animal Scientist 26, S. 647-654

Duffus, J. H. (2002): Heavy metals – a meaningless term? International Union of Pure and Applied Chemistry (IUPAC), Pure and Applied Chemistry 74, S. 793-807

Dwyer, M. R.; L. F. Kubena; R. B. Harvey; K. Mayura; A. B. Sarr; S. Buckley; R. H. Bailey; T. D. Phillips (1997): Effect of inorganic adsorbents and cyclopiazonic acid in broiler chicken. Poultry Science 76, S. 1141-1149

Eng, K. S.; R. Bechtel; D. Hutcheson (2006): The use of Biolite (a calcium clinoptilolite zeolite) in diets for natural beef production. In: R. S. Bowman; S. E. Delap: Zeolite 06. Inst. of Mining and Technology, Socorro, New Mexico

England, D. C. (1975): Effect of zeolite on incidence and severity of scouring and level of performance of pigs furing suckling and early postweaning. Rep. 17th Swine Day. Spec Rep., Agr. Exp. Sta., Oregon State Univ., S. 30-33

England, D. C.; C. B. George (1979): Effect of zeolite on incidence and severity of scourney and level of performance of pigs and early postweanny oregon. Agr. St. Spec. Rpt. 447, S. 39 (17th annual Swineday)

Eraslan, G.; D. Essiz; M. Akdogan; F. Sahindokuyucu; L. Altintas (2005): The effects of aflatoxin and sodium bentonite combined and alone on some blood electrolyte levels in broiler chickens. Turkish Journal of Veterinary and Animal Sciences 29, S. 601-605

European Food Safety Authority (EFSA) (2013a): Scientific opinion on safety and efficacy of bentonite as a technological feed additive for all species. 20. July 2012, EFSA-Q-2010-01593

European Food Safety Authority (EFSA) (2013b): Scientific opinion on safety and efficacy of cliniptilolite of sedimentary origin for all animal species. EFSA Panel on Additives and Products or Substances used in Animal Feed (FEEDAP). Parma, Italy, EFSA Journal 11(1), S. 3039

Expert Group for Technical Advice on Organic Production (EGTOP) (2011): Final Report on Feed. The EGTOP adopted this technical advice at its 3rd plenary meeting on 29 and 30 June

Feichtinger, Th.; E. Mande; S. Niedan (2002): Handbuch der Biochemie nach Schüßler. Karl F. Haug Verlag, Heidelberg

Fenn, P. D.; R. Gies, H.; B. Marler (2004): Zeolithe erobern den Alltag. Das Spiel mit den Strukturen. www.ruhr-uni-bochum.de/rubin/rbin1_04/pdf/beitrag2.pdf (RUBIN Wirtschaftsmagazin 01.2004)

Fioramonti, J.; H. Navetat; M. Droy-Lefaix; J. More; L. Busno (1988): Antidiarrheal properties of clay minerals: pharmacological and clinical data. 4th Congress of the Eropean Association for Veterinary Pharmacology and Toxicology. Budapest, 28.08.-02.09.1988

Gamsajev, R. A. (2001): Effektivität der Anwendung der bilanzierenden Ergänzungen mit Zeolith und Karbamid beim Mästen des Rindjungviehs. Dissertation, Dubriwizi, Moskauer Gebiet. Moskauer Staatsakademie „K. I. Skryabin" für Veterinärmedizin und Biotechnologien

Garcia Lopez, R.;A. Elias; M. S. Menchaca (1992): The utilization of zeolite by dairy cows.

2. Effect on milk yield. Cuban J. Agric. Sci 26, S. 131

Ghazaghi, M.; H. Shirkhanloo; H. Z. Mousavi; A. Rashidi (2015): Ultrasound-assisted dispersive solid phase extraction of cadmium(II) and lead(II) using a hybrid nanoadsorbent composed of graphene and the zeolite clinoptilolite. Microchimica Acta Vol. 182, Issue 7, S. 1263-1272

Godelitsas, A.; T. Armbruster (2003): HEUtype zeolites modifies by transition elements and lead. Microporous and Mesoporous Materials 61, S. 324

Gorokhov, V. K.; P. M. Lyan; E. N. Isaeva; L. J. Kalacheva; E. V. Sichkar (1981): On possible use of natural sorbents from Sakhalin in agriculture. Paper presented at meeting of aspirants. Baku, S. 86-91 (russisch)

Gorokhov, W. K.; V. M. Duničev; O. A. Melnikov (1982): Zeolithe aus Sakhalin. Vladivostok, Dalnevostočnoe Knishnoe isdatelstovo, S. 1-105 (russisch) Zeolity Sakhalin.

Günay, A.; E. Arslankaya; T. Ismail (2007): Lead removal from aqueous solution by natural and pretreated clinoptilolite: Adsorption equilibrium and kinetics. Journal of Hazardous Materials 146 (1-2), S. 362-371

Gunther, K. D. (1990): Zum Einsatz von Zeolithmineralien in der Schweine- und Geflügelnahrung. Schweinewelt 15/5, S. 15-19

Gworek, B.; M. Borowiak (1990): Model studies on immobilization of certain heavy metals by synthetic zeolite. Roczniki gleboznawcze 42, S. 1-2 (polnisch)

Gworek, B. (1992): Lead inactivation in soils by zeolites. Plangt and Soil Volume 143, Issue 1, S. 71-74

Hachel, W. (2000): Warum Papageien Erde fressen? Spektrum der Wissenschaft, 2, S. 14-16

Hacker, J.; S. Kumm (2015): Antibiotika und Antibiotikaresistenzen. Vorkommen und Perspektiven. Deutsches Ärzteblatt 112/7, S. 464-466

Han, I. K.; K. H. Jong; S. Chun (1975): Studies on the nutritive value of zeolites: Substitution levels of zeolite for wheat bran in the rations of growing-finishing swine. Korean J. Anim. Sci. 17, S. 595-580

Han. I. K.; H. K. Park; S. Chun (1976): Studies of the nutritive value of zeolites. 2. Effects of zeolite rich hull mixture on the performance of growing-finishing swine. Korean J. Anim. Soi 18, S. 225-230

Hartmann, Th. (2000): Unser ausgebrannter Planet. Riemann Verlag, München

Harvey, R. B.; L. F. Kubena; M. H. Elissalde; T. D. Phillips (1993): Efficacy of zeolitic ore compounds on the toxicity of aflatoxin to growing broiler chickens. Avign Diseases 37, S. 67-73

Haydel, S. E.; C. M. Rememih; L. B. Williams (2008): Broad-spectrum in vitro antibacterial activities of clay minerals against antibiotic-susceptible ad antibiotic resistant bacterial pathogens. J. Antimicrob. Chemother. 61; S. 353-361

Hecht, K.; H.-U. Balzer (1997): Biologische Wirkungen elektromagnetischer Felder im Frequenzbereich 0 bis 3 GHz auf den Menschen. Auftrag des Bundesinstituts für Telekommunikation. Auftrag Nr. 4231/630402. Inhaltliche Zusammenfassung einer Studie der russischsprachigen Literatur von 1960–1996

Hecht, K.; E. N. Hecht-Savoley (2005, 2008): Naturmineralien, Regulation, Gesundheit. Schibri-Verlag, Berlin, Milow, 1. und 2. Auflage ISBN 3-937895-05-1

Hecht, K.; E. Hecht-Savoley (2008): Klinoptilolith-Zeolith – Siliziummineralien und Gesundheit. Spurbuch Verlag, Baunach; 2. Auflage 2010, 3. Auflage 2011 ISBN 987-3-88778-322-8

Hecht, K. (2011): Alt werden und jung bleiben. Spurbuchverlag, Baunach ISBN 978-3-88778-358-7

Hecht, K. (2012): Zu den Folgen der Langzeitwirkungen von Elektrosmog. Schriftenreihe der Kompetenzinitiative zum Schutz von Mensch, Umwelt und Demokratie. Heft 6

Hecht, K. (2013): Richtiges Atmen mit der richtigen Luft. Spurbuch Verlag, Baunach

Hecht, K. (2015a): Zeolith. Lebenskraft durch das Urgestein. Prävention, Detoxhygiene, Ökologie. Spurbuch Verlag, Baunach ISBN 978-3-88778433-1

Hecht, K. (2015b): Antworten auf 100 Fragen zur gesundheitsfördernden Wirkung des Naturzeoliths. Spurbuch Verlag, Baunach ISBN 978-3-88778-446-1

Heine, H. (1990a): In A. Pischinger (Hrsg.): Das System der Grundregulation. 8. erw. Aufl. 1.Teil: Aufbau und Funktion der Grundsubstanz, Haug Verlag, Heidelberg, S. 13-87

Hollemann, A. T.; N. Wiberg (2007): Lehrbuch der anorganischen Chemie. 102. Auflage, Verlag Walter de Gruyter, Berlin, S. 1141

Homken, R. W.; R. F. Harmon; L. M. Mann (1984): Effect of clinoptilolite on lactating cows feed diet containing yrea as source of protein. Geo-agriculture: Use of natural zeolites in agriculture and aquaculture. New York, S. 171-176

Ibrahim, I. K.; A. M. Shareef; K. M. T. Al-Joubory (2000): Ameliorative effects of sodium bentonite on phagoxytosis and Newcaltle disease antibody formation in broiler chickens during aflatoxicosis. Research in Veterinary Science, 69, Iss 2, S. 119-122

Inglezakis, V. J.; M. A. Stylianou; D. Gkantzou; M. D. Loizidou (2007): Removal of Pb (II) from aqueous solutions by using clinoptilolite and bentonite as adsorbents. Desalination 210; S. 248-256

Johns, T.; M. Duquette (1991): Detoxification and mineral supplementation as functions of geophagy. American Journal of Clinical Nutrition 53, S. 448-456

Jones, R. C.; H. C. Hanson (1985): Mineral licks, geophagy and biogeochemistry soils eaten by chimpanzees (Pan trogladytes schreinfurthii) in Tanzania. Iowa State University Press. In: Soil Biology & Biochemistry 2001; 33, S. 199-203

Jugdaohsingh, R. (2007): Silicon and bone health. The Journal of Nutrition, Health and Aging, Band 22, S. 99-110

Kalačuyuk, G. I. (1989): Biologische und praktische Grundlagen der Verfütterung der Zeolithe. Tesisy dokl. na resp. konf. Primenenije prirodnych zeolitov v narodnom chosjaistve. Moskva, S. 110-135 (russisch)

Karatzia, M. A. (2010): Effect of dietary inclusion of clinoptilolite on antibody production by dairy cows vaccinated against Escherichia coli. Livestock Science 129 (1-3), S. 149-153

Katsoulos, P. D.; N. Roubies; N. Panousis; G. Arsenos; E. Christaki; H. Karatzias (2005a): Effects of long-term dietary supplementation with clinoptilolite on incidence of parturient paresis and serum concentrations of total calcium, phosphate, magnesium, potassium, and sodium in dairy cows. American Journal of Veterinary Research 66, 12, S. 2081-2085

Katsoulos, Pl. D.; N. Roubies; N. Panousis; H. Karatzias (2005b): Effects of long-term feeding dairy cows on a diet supplemented with clinoptilolite on certain serum trace elements. Biol Trace Elem Res 108 (1-3), S. 137-145

Katsoulos, P. D.; N. Panousis; N. Roubies; E. Christaki; G. Arsenos; H. Karatzias (2006): Effects of long-term feeding of a diet supplemented with clinoptilolite to dairy cows on the incidence of ketosis, milk yield and liver function. Vet Rec 159 (13), S. 415-418

Katsoulos, P. D.; S. Zarogiannis; N. Roubies; G. Christodoulopoulos (2009): Effect of long-term dietary supplementation with clinoptilolite on performance and selected serum biochemical values in dairy goats. American Journal of Veterinary Research 70:3, S. 346-352

Kervran, C. L. (1989): Biologische Transmutation. Autorisierte Übersetzung des englischen Werks (Deutsch von Helmut Lasarcyk). Nach der englischen Version von Michel Abehsera. 2. Auflage, Happiness Press P. O. Box DD Magalia California 95954 ISDN 0-916508-47-1

KesraoulOuki, S.; C. Cheeserman; R. Perry (1993): Effects of conditioning and treatment of chabazite and clinoptilolite on the lead and cadmium removal. Environmental science and technology 27, S. 1108-1116

Khalilov, E. N.; R. A. Bagirov (2002): Natural Zeolites, their Properties, Production and Application. International Council for Scientific Development, International Academy of Science, Health and Ecology, Aserbaijan Section, East-Europe Section "Yeni Tech" company, Baku – Berlin, ISBN 5-8066-1006-4, S. 1-347 (russisch)

Kharatishvili, G. Z.; G. D. Japaridze; D. N. Kvinskoshvili; G. G. Beglumjan; L. A. Lolashvili (1989): Efficiency of utilization of natural zeolites in mixed feeds for agricultural cattle and poultry. Proceedings of all-union scientific and technical conference on the extraction processing and utilization of natural zeolit. 19-21, 11, 1986, S. 384-388.

Klaus, G; C. Klaus-Hugi; B. Schmid (1998): Geophagy by large mammals at natural licks in the rain forest of the Dzanga National Park, Central African Republic. Journal of Tropical Ecology 14, S. 829-839

Kondo, N.; G. Wagai (1968): Experimental use of clinoptilolitetuffs in dietary supplements for pigs. Jotou Kai (Japan) Nr. 5, S. 14

Kosobucki, P.; M. Kruk; B. Buszewski (2008): Immobilization of selected heavy metals in sewage sludge by natural zeolites. Bioresour Technol. 99, S. 5972-5976

Kragovic, M.; S. Milicevic; A. Dakovic; J. Peric; M. Trgo; N. Vukojevic Medvidovic; M. Ugrina; Z. Sekulic; I. Nuic (2010): Removal of copper and lead by clinoptilolite and clinoptilolite-iron system. Zeolite 2010 – 8th International Conference of the Occurrence, Properities, and Utilization of Natural Zeolites. Sofia, Bulgaria, 10.-18. July, S. 14

Kusnezov, S. G.; A. P. Batayeva; I. I. Stezenko; O. V. Kharitonova; A. G. Ovcarenko et al. (1993): Naturzeolithe in der Ernährung der Tiere. Zootechnika N9, S. 13-15 (russisch)

Kyriakis, S. C.; D. S. Papaioannou; C. Alexopoulos; Z. Polizopoulou; E. D. Tzika; C. S. Kyriakis (2002): Experimental studies on safety and efficacy of the dietary use of a clinoptilolite-rich tuff in sows: a review of recent research in Greece. Micropourous and mesoporous Materials 51, S. 65-74

Lavie, S.; G. Stotzky (1986a): Adhesion of the clay minerals montmorillonite, kaolinite and attapulgite reduces respiration of histoplasma capsulatum. Appl. Environm. Microbiol. 51, 1, S. 65-73

Lavie, S.; G. Stotzky (1986b): Interaction between clay minerals and sidarophores affect the respiration of histoplasma capsulatum. Appl. Environm. Microbiol. 51, 1, S. 74-79

Lemerle, C.; C. R. Stockdale; T. E. Trigg (1984): Effect of sodium bentonite on the productivity of lactating dairy cows fed good quality pasture supplemented with a high energy concentrate. Proc. Aust. Soc Anim. Prod. 15, S. 424-427

Leng, A. (1989): Wool growth and sulfur amino acid entry rate in sheep fed roughage based diets supplemented with bentonite and sulfor amino acids. Australian Journal of Agricultural Research 40, S. 889-896

Lindeman, M. D.; D. J. Blodgett; E. T. Kornegay; G. G. Schurig (1993): Potential ameliorators of aflatoxicosis in weanling/growing swine. Journal of animal science 71, S. 171-178

Lon-Wo, E; J. L. Gonzalez (1991): Comparative evaluation of zeolite, bentonit and kaolin through the productive performance of broilers. Cuban Journal of Agricultural Science 25, S. 71-75

Lopez, R. G. A. Elias; M. A. Menchaca (1992): The utilization of zeolite by dairy cows. 2. Effect on milk yield. Cuban Journal of Agriculture Science 26, S. 131-134

Losada, H.; A. Santos; A. Elias (1976): A note on the use of different levels of forage and sodium bentonite on the performance of calves fed high levels of molasses/urea. Cuban Journal of Agricultural Science 10, S. 29-33

Lyčeva, T. V. (1999): Aneignung der Mineralstoffe mit Zeolith-Beifutter (des Pegasskiy-Vorkommens) durch Färsen. Proceeding wissenschaftlich-praktische Konferenz „Naturmineralien im

Dienste der Menschheit“, EKOR, Novosibirsk, S. 166-186 (russisch)

Ma, C. S.; S. K. Yang; C. M. Tzeng; H. K. Wu (1984): Effect of feeding clinoptilolite on embryo survival in swine. In: W. G. Pond; F. A. Mumpton (Eds): Zeo-Agriculture. Use of Natural Zeolites in Agriculture and Aquaculture. Westview Press Inc, Boulder, Colorado, S. 155-160

Mahaney, W. C. M. W. Milner; K. Sanmugadas; R. G. V. Hancock; S. Aufreiter et al. (1997): Analysis of geophagy soils in Kibale Forst, Uganda. Primates 38, S. 159-176

Mahaney, W. C.; R. Krishnamani (2003): Understanding geophary in animals: standard procedures for sampling soils. Journal of Chemical Ecology 29, S. 1503-1523

Maignan, C.; A. Pareilleux (1971): Influence of bentonite on the growth of Candida lipolytica. Comptes rendus hebdomadaires des seances de l'Academie des sciences. Serie D: Sciences naturelles 273(9), S. 835-838

Malsy, A.; D. Döbelin (2004): Beilagen für den Geographie-Unterricht. Institut für Geologie, Universität Bern

Manafi, M.; B. Umakantha; H. D. N. Swamy; K. Mohan (2009): Evaluation of high-grade sodium bentonite on performance and immune status of broilers, fes ochratoxin and aflatoxin. World Mycotocin Journal 2, S. 435-440

Marczynski, B. (1988): Carcinogenesis as the result of the deficiency of some essential trace elements. Medical Hypotheses 26/4, S. 239-249

Mason, B. H.; L. Sand (1960): Clinoptilolite from Palagonia – the relationship between clinoptilolite and heulandite. Amer. Mineral. 45, S. 341-350

Masters, A.; Th. Maschmeyer (2011): Zeolites – From curiosity to cornerstone. Microporous and Mesoporous Materials 142, S. 423-438

McCollum, F. T.; M. L. Galyean (1983): Effects of clinoptilolite on rumen fermentation, digestion and feedlot performance in beef steers fed high concentrate diets. J. Anim. Sci 56, S. 517

Meyer-Jones, L. (1966): Veterinary Pharmacology and Therapeutics. 3. Aufl. Ames.

Mohini, M.; G. P. Singh; N. Kewalramani (1999): Effect of bentonite on growth in crossbred calves fed diet containing urea. Indian Journal of Animal Sciences 69, S. 823-926

Moshtshewikin, T. V. (2000): Ökologische Aspekte der Anwendung der Naturzeolithe des Wanginer Vorkommens in der Viehzucht. Dissertation, Krasnojarsk, Fernöstliche staatliche Agraruniversität

Miazzo, R.; M F. Peralta; C. Magnoli; M. Salvano; S. Ferrero; S. M. Chiacchiera; E. C. Q. Carvalho; C. A. R. Rosa; A. Dalcero (2005): Efficacy of sodium bentonite as a detoxifier of broiler feed contaminated with aflatoxin and fumonisin. Poultry Science 84, S. 1-8

Miles, W. J. (2006): Analysis of zeolites exchange capacity cations. Zeolite ‚06-7th International Conference on the Occurance, Properties and Utilization of Natural Zeolites Socorro, New Mexico, USA, 16.-21. July

Mima, A. (1970): Beeinflussung der radioaktiven Kontamination von Tieren durch Zufütterung von Tonmineralien. Tierphysiologie, Tierernährung und Futtermittelkontrolle 26, S. 72-82

Moattar, F.; S Hayeripour (2004): Application of chitin and zeolite adsorbants for treatment of low level radioactive liquid wastes. International Journal of Environmental Science & Technology 1, S. 45-50

Montinaro, M.; D. Uberti; G. Maccarinelli; S. A. Bonini; G. Ferrari-Toninelli; M. Memo (2013): Dietary zeolite supplementation reduces oxidative damage and plaque generation in the brain of an Alzheimer's disease mouse model. Department of Biomedical Sciences and Biotechnologies, University of Brescia, 25123 Brescia, Italy. Life Sci, http://dx.doi.org/10.1016/j.lfs.2013.03.008

Morah, N.; V. Cagin; I. Imamoglu (2006): Investigation of heavy metal (Cu^{2+}, Ni^{2+}, Zn^{2+}, Pb^{2+}) uptake by clinoptilolite and release of exchangeable ions. P. 184 in: Book of Abstracts.

International Conference on the Occurrence, Properties and Utilization of Natural Zeolites. 16-21 July, Socorro, New Mexico, USA

Moshtshewikin, T. V. (2000): Ökologische Aspekte der Anwendung der Naturzeolithe des Wanginer Vorkommens in der Viehzucht. Dissertation, Krasnojarsk, Fernöstliche staatliche Agraruniversität (russisch)

Mumpton, F. A. (1999): La roca magica: uses of natural zeolites in agriculture and industry. Proc Natl Acad Sci USA 96, S. 3463-3470

Murray, P. J.; J. B. Rowe; E. M. Aitchison (1990): The effect of bentonite on wool growth, liveweight change and rumen fermentation in sheep. Australian Journal of Experimental Agriculture 30, S. 39-42

Nielsen, F. H. (1988): The ultratrace elements. In: K. T. Smith (ed.): Trace Minerals in Food. Marcel Dekker, New York, S. 357-428

Nikolakakis, I; V. Dotas; A. Kargopoulos; L. Hatzizisis; D. Dotas; Z. Ampas (2012): Effect of natural zeolite (Clinoptilolite) on the performance and litter quality of broiler chickens. Turk J Vet Anim Sci 37, S. 682-686

Nikpey, A.; H. Kazemian; A. Safari-Varyani; M. Rezaie; M. Sirati-Sabet (2013): Protective effect of microporous natural clinoptilolite on lead-induced learning an memory impairment in rats. Health Scope Journal 2(1), S. 52-57. DOI: 10.5812/jhs.10041

Olver, M. D. (1983): The effect feeding clinoptilolite (zeolite) to laying hens. South African Journ. of Animal Science 13/2, S. 107-110

Olver, M. D. (1989): Sodium bentonite as a component in layer diets. South Africa British poultry science 30, S. 841-846

Onagi, T. (1966): Experimental use of zeolite tuffs as dietary supplements of chickens. Report of Imagata Itok Raising Institute, S. 7-18

Oschilewski, U.; U. Kiesel; H. Kolb (1985): Administration of silica prevents diabetes in BB-rats. Diabetes 34, S. 197-199

Oter, O.; H. Akcay (2007): Use of natural clinoptilolite to improve water quality: sorption and selectivity studies of lead(II), copper(II), zinc(II), and Nickel(II). Water environ Res 79, S. 329-335

Ouki, S. K.; M. Kavannagh (1999): Treatment of metalscontaminated wastewaters by use of natural zeolites. Water Science and Technology 39, S. 115-122

Palačov, A. M.; A. P. Popov (1990): Wechselwirkung der Naturaustauscher mit künstlichen Elektrolyten – Analoge der biologischen Sekrete. Novosibirsk, S. 52-58 (russisch)

Pandey, D. N. (2015): Role of natrolite in remediation of acute leas toxicity in fish. International Journal of Applied and Universal Research, Vol. 2, Issue 3 (06.15), www.ijaur.com E-ISSN: 2395-0269

Papaioanou, D. S.; S. C. Kyriakis; A. Papasteriadis; N. Roumbies; A. Yannakopoulos; C. Alexopoulos (2002): Effect of in-feed inclusion of a natural zeolite (clinoptilolite) on certain vitamin, macro and trace element concentrations in the blood, liver and kidney tissues of sows. Research in Veterinary Science 72, S. 61-68

Pasha, T. N.; M. U. Farooq; F. M. Khattak; M. A. Jabbar; A. D. Khan (2006): Effectiveness of sodium bentonite and two commercial products as aflatoxin absorbents in diets für broiler chickens. Animal Feed Science and Technology, 132, S. 103-110

Pavelič, K.; M. Katic; V. Sverko; T. Marotti; B. Bosnjak; T. Balog; R. Stojkovic; M. Radacic; M. Colic; M. Poljak-Blazi (2002): Immunostimulatory effect of natural clinoptilolite as a possible mechanism of its antimetastatic ability. J. Cancer Res. Clin. Oncol. 128, S. 37-44

Pflugbeil, S.; H. Paulitz; A. Clausen; I. Schmitz-Feuerhake (2011): Gesundheitliche Folgen von Tschernobyl – 25 Jahre nach der Katastrophe. IPDNW, Gesellschaft für Strahlenschutz e. V.

Phillips, T. D.; L. F. Kubena; R. B. Harvey; D. R. Taylor; N. D. Heidelbaugh (1988): Hydrated sodium calcium aluminosilicate: a high affinity sorbent for aflatoxin. Poultry Science 67, S. 243-247

Pitcher, S. K.; R. C. T. Stade; N. I. Ward (2004): Heavy metal removal from motorway stormwater using zeolites. Science of the Total Environment, Volumes 334-335, S. 161-166

Pond, W. G.; I. T. Yen (1982): Response of growing swine to dietary clinoptilolite from two geographical sources. Nutrition Reports Intenational 25, S. 837-848

Pond, W. G.; I. T. Yen (1983): Protection by clinoptilolite or zeolite NaA against cadmium-induced anemia in growing swine. Proceedings of the Society for Experimental Biology and Medicine 173, S. 332-337

Pond, W. G.; J. Chen (1984): Physiological effects of clinoptilolite and syntetic zeolite in animals. Zeo Agriculture Use of Natural Zeolite in Agriculture and Aquaculture. S. 127-142

Pond, W. G.; S. M. Laurent; H. D. Orloff (1984): Effect of dietary clinoptilolite or zeolite Na-A on body weight gain and feed utilization of growing lambs fed urea or intact protein al a nitrogen supplement. Zeolites 4, S. 127-132

Pond, W. G.; I. J. Yen; V. H. Varel (1988): Response of growing swine to dietary copper and clinoptilolite supplementation. Nutrition Reports International 37, S. 795-803

Pond, W. G. (1989) Effects of dietary protein level and clinoptilolite on the weight gain and liver mineral response of growing lambs to copper supplementation. Journal of Animal Science 67, S. 2772-2781

Pond, W. G.; I. T. Yen; I. T. Crouse (1989): Tissue mineral element content in swine fed clinoptilolite. Bulletin of Environmental Contamination Toxicology 42, S. 735-742

Popov, N.; G. Jilov; T. Popova (1997): Study of the use of natural clinoptilolites and their modifications as effective sorbents of Sr and Cs and heavy metals from water solutions and drinking waters. 5th International Conference of Natural Zeolites „Zeolite-97", September 21.29, Ischia (Naples), Italy

Prvulovic, D.; D. Kojic; G. Grubor-Lajsic; S. Kosarcic (2008): The effects of dietary inclusion of hydrated aluminosilicate on performance and biochemical parameters of broiler chickens. Turkish Journal of Veterinary and Animal Sciences 32, S. 183-189

Račikov, S. V. (1999): Veränderung des Gehalts der Spurenelemente und Ausführung der Radionuklide aus Organen und Gewebe der Rinderjungtiere bei Verfütterung von Zeolithergänzungen. Dissertation, Brjansk. Landwirtschaftliche Staatsakademie des Ministeriums für Landwirtschaft und Lebensmittel der Russischen Föderation. S. 1-122 (russisch)

Rindsig, R. B.; L. H Schultz; G. E. Shook (1969): Effects of the addition of bentonite to high-grain dairy rations which depress milk at percentage. Journal of Dairy Science 52, S. 1770-1775

Romanov, G. A. (2000): Zeolithe: Effizienz und Anwendung in der Landwirtschaft. Sammelband der russ. Akademie der Landwirtschaftswissenschaften Band II, Moskva (russisch)

Rösler, H. J. (1991): Lehrbuch der Mineralien. Deutscher Verlag für Grundstoffindustrie. Leipzig, S. 428-619

Round, M. H. (2000): The effect of dietary attapulgite and bentonite on liveweight change of export sheep. Asian-Australasian Journal of Animal Sciences 13 (Suppl., Animal Production for a Consuming World, Vol. C), S. 113-116

Roussel, J. D.; J. K. Thibodeaux; R. W. Adkinson; G. M. Toups; L. L. Goodeaux (1992): Effect of feeding various levels of sodium zeolite A on milk yield, milk composition ans blood profiles in thermally stressed Holstein cows. International Journal of Vitamin and Nutrition Research 62, S. 91-98

Rusch, H. P. (2004): Bodenfruchtbarkeit. OLV Organischer Verlag für Garten und Ökologie

Salmon, R. E. (1985): Effects of pelleting, added sodium bentonite and fat in a wheat-based diet on performance and carcass characteristics of small white turkeys. Animal Feed Science and Technology 12, S. 223-232

Santurio, J. M.; C. A. Mallmann; A. P. Rosa; G. Appel; A. Heer; S. Dageforde; M. Bottcher

(1999): Effect of sodium bentonite on the performance and blood variables of broiler chickens intoxicated with aflatoxins. British Poultry Science 40, S. 115-119

Sawicka-Kapusta, K.; A. Gorecki; R. Swiergesz; G. Juszczak; M. Mielczarek et al. (1987): Effect of metabolic rate on the rate of elimination of high and low concentrations of cadmium and lead in the bank vole. Pol J Ecol 35, S. 399-430

Schell, T. C.; M. D. Lindemann; E. T. Korengay; D. J. Blodgett; J. A. Doerr (1993): Effectiveness of different types of clay for reducing the detrimental effects of aflatoxin-contaminated diets on performance and serum profiles of weanling pigs. Journal of Animal Science 71, S. 1226-1231

Semmens, M.. J.; M. Seyfarth (1978): The selectivity of Clinoptilolite for certain heavy metals. In: L. b. Sand; F. A. Mumpton (edts): Natural Zeolits: Occurance, Properties, Use. Pergamon Press, Oxford, S. 517-526

Schulze, Nina (2010): Persönliche Mitteilung

Schwarz, K. D. B. Milner (1972): Growth-promoting effects of silicon in rats. Nature (Lond.) 239, S. 333-334

Schwarz, K. (1973): A bound form of silicon in glycosaminoglycans and polyuronicies. Proc. Nati. Acad. Sci USA 70, S. 1608-1612

Schwarz, Th.; B. Seifert; G. Wunsch (1989): Bentonit – mehr als ein inerter pharmazeutischer Hilfsstoff. Beiträge zur Wirkstoffforschung. Heft 34. Akademie-Industriekomplex Berlin, S. 1-27

Shagivaleyev, A. D. (2001): Einfluss von Propolis, Zeolithen, Biotrin, Bifidumbakterien und deren Kompositionsformen auf Immunstatus und Produktivität der Stuten der baschkirischen Rasse. Dissertation, Ufa. Allrussisches wissenschaftliches Forschungsinstitut für Pferdezucht, Diwowa, Rjasanskaja Gebiet (russisch)

Shalmina, G. G.; Ya B. Novoselov (2002): Sicherheit der Lebenstätigkeit. Ökologisch-geochemische und ökologisch-biochemische Grundlagen. Novosibirsk, S. 1-433 (russisch) Blzonacmost shiznedeyatelnosti ekologo-geokhimičueskie i ekologo-biokhemiteskie osnovy.

Sheppard, R. A. (1984): Characterization of zeolitic materials in agricultural research. In: W. G. Pond; F. A. Mumption (eds):, Zeo-Agriculture: Use of Natural Zeolites in Agriculture and Aquaculture. Westview Press, Boulder, Colorado, S. 81-90

Sherwood, D. M.; G. E. Erickson; T. J. Klopfenstein (2006): Nitrogen mass balance and cattle performance of steers fed clinoptilolite zeolite clay. Nebraska Beef Report, Univ. Nebraska, Lincoln, S. 90

Shi, Y. H.; Z. R. Xu; J. L. Feng; MS. S. Xia; C. H. Hu (2005): Effects on modified montmorillonite nanocomposite on growing/finishing pigs during aflatoxicosis. Asian-Australian Journal of Animal Sciences 18, S. 1305-1309

Shi, Y. H.; Z. R. Xu; C. Z. Wang; Y. Sun (2007): Efficacy of two different types of montmorillonite to reduce the toxicity of aflatoxin in pigs. New Zealand Journal of Agricultural Research 50, S. 473-478

Shi, Y; Z. Xu; Y. Sun; C. Wang; J. Feng (2009): Effects of two different types of montmorillonite on growth performance and serum profiles of broiler chicks during aflatoxicosis. Turkish Journal of Veterinary and Animal Sciences 33, S. 15-20

Shurson, G. C.; P. K. Ku; E. R. Miller; M. T. Yokohama (1984): Effects of zeolite A or clinoptilolite in diets of growing swine. Journal of Animal Science 59, S. 1536-1545

Slanina, L. (1974): Pufferung des Panseninhalts mit Montmorillonit bei industriemäßiger Rinderhaltung. Dt. tierärztl. Wschr. 81, 23, S. 552-555

Southern, L. L.; T. L. Ward; T. D. Bidner; L. G. Herbert (1994): Effect of sodium bentonite or hydrated sodium calcium aluminosilicate on growth performance and tibia mineral concentrations in broiler chicks fed nutrient-deficient diets. Poultry Science 73, S. 848-854

Sprynskyy, M.; B. Buszewski; A. P. Terzyk; J. NamieAnik (2006): Study of the selection